U0342255

普通高等教育“十三五”规划教材

土木工程结构试验与检测实验指导书

张　彤　主　编
闫明祥　副主编

北　京
冶　金　工　业　出　版　社
2020

内 容 提 要

本书是按应用型本科学校土木工程专业培养计划及教学大纲编写的特色实验教材。全书分上下两篇：上篇为实验操作，分别介绍了常用仪表的使用和标定，应变片的粘贴，应变测量技术，无损检测技术，钢桁架的静载实验，动载实验，钢筋混凝土梁正截面强度实验；下篇为仪器操作，介绍了大型结构试验设备的硬件和软件的使用方法，以方便学生学习掌握实验的操作方法及步骤。

本书为高等学校土木工程、道桥工程及相关专业教材，也可供从事土木工程结构试验与检测的工程技术人员参考。

图书在版编目(CIP)数据

土木工程结构试验与检测实验指导书/张彤主编. —北京：冶金工业出版社，2020. 10

普通高等教育“十三五”规划教材

ISBN 978-7-5024-8618-1

Ⅰ. ①土…　Ⅱ. ①张…　Ⅲ. ①土木工程—工程结构—结构试验—高等学校—教材　②土木工程—工程结构—检测—高等学校—教材　Ⅳ. ①TU317

中国版本图书馆 CIP 数据核字（2020）第 202482 号

出 版 人　苏长永

地　　址　北京市东城区嵩祝院北巷 39 号　邮编　100009　电话　(010)64027926

网　　址　www. cnmip. com. cn　电子信箱　yjcbs@ cnmip. com. cn

责任编辑　杨　敏　宋　良　美术编辑　吕欣童　版式设计　禹　蕊

责任校对　郭惠兰　责任印制　李玉山

ISBN 978-7-5024-8618-1

冶金工业出版社出版发行；各地新华书店经销；三河市双峰印刷装订有限公司印刷

2020 年 10 月第 1 版，2020 年 10 月第 1 次印刷

169mm×239mm；8 印张；152 千字；118 页

25. 00 元

冶金工业出版社　投稿电话　(010)64027932　投稿信箱　tougao@cnmip. com. cn

冶金工业出版社营销中心　电话　(010)64044283　传真　(010)64027893

冶金工业出版社天猫旗舰店　yjgycbs. tmall. com

（本书如有印装质量问题，本社营销中心负责退换）

前　言

“土木工程结构试验与检测”实验课是应用型本科土木工程专业及其他相关专业必修的重要实践教学课。为进一步强化实验教学环节，更好地完成 OBE 教学理念，逐步实施实验课单独设置学分的教学体系改革以及拓宽专业口径的教学要求，依据高等学校土木工程学科专业指导委员会制定的指导性专业规范，编者在多年土木工程结构试验与检测实验教学和研究工作积累的基础上，配合辽宁科技大学等院校土木工程专业最新培养计划及教学大纲编写了该特色实验教材。本书在内容安排上力求语言简练、内容全面、重点突出、自成体系，可作为实验教材单独使用，也可与《土木工程结构试验与检测》教材配套使用。

“土木工程结构试验与检测”的实验项目很多，相关标准、规范和规程也在不断修订之中，作为高校教材，本书尽可能遵照最新的国家标准、规范和规程，并重点根据编者所在学校实验室条件及教学大纲组织内容，并不包括所有的土木工程结构试验的全部实验内容；不同专业可根据其专业特点和培养目标要求适当取舍实验项目，但目的都是实验过程的强化和实验方法的掌握。

目前国内设置有土木工程专业的本科院校很多，每所学校的培养计划及实验内容不尽相同，存在的突出问题是：教材内容不全面，可观性差，没有可借鉴性。另外，本科教学之外的研究生教学、研究生课题、大学生创新创业训练项目、实验室开放项目等，均要求学生在掌握本科实验教学内容的基础上，还要有能力操作实验室的大型设备，以完成相应实验。因此，本书介绍了辽宁科技大学土木工程学院结构实验厂房现有大型设备的使用说明（硬件及软件），以方便学生掌握实验的操作方法及步骤。本书也将当前先进的检测技术方法与实验相关标准规范纳入教材中，使学生能够在完成综合性实验的基础上，还能掌握前沿检测技术。希望这本实验指导书能够适应应用型土木工程人才培养的需求，为培养高素质人才起到积极的作用。

本书由辽宁科技大学土木工程学院张彤任主编，鞍山市祥龙工业设备有限公司闫明祥任副主编；沈阳建筑大学土木工程学院陈昕、烟台新天地试验技术有限公司吴江龙和秦皇岛协力仪器设备有限公司赵佰林也参与了部分辅助工作。书稿最后由张彤修改定稿。

书中相应位置配有“土木工程结构实验室基本设置简介”和“钢筋混凝土梁正截面强度虚拟仿真实验”两个视频，读者可扫码观看。

在编写过程中，编者的同事提供了许多帮助；辽宁科技大学和鞍山市祥龙工业设备有限公司为本书的出版提供了资助，在此表示衷心的感谢！

受水平所限，书中不妥之处，诚请读者批评指正。

编　者
2020 年 7 月

目　录

上篇　实验操作指导

下篇　仪器使用说明

上篇

实验操作指导

本篇介绍土木工程试验与检测教学中常做的 9 个实验，包括 7 个综合性实验和 2 个检验性实验。任课老师可根据本校实验室设备配置的具体条件，选择实验类型。

读者可扫码观看土木工程结构实验室的基本设置简介视频。

实验室配置

实验 1　常用仪表的使用和标定

本实验为综合性实验，实验要求为必修。

一、实验目的

（1）掌握常用仪表的基本原理及使用方法；

（2）掌握结构试验中位移传感器、力传感器的使用和标定方法。

二、实验仪器

（1）XL2101B6 程控静态应变仪（软件使用参考附录 B-2），如图 1-1（a）、（b）所示；

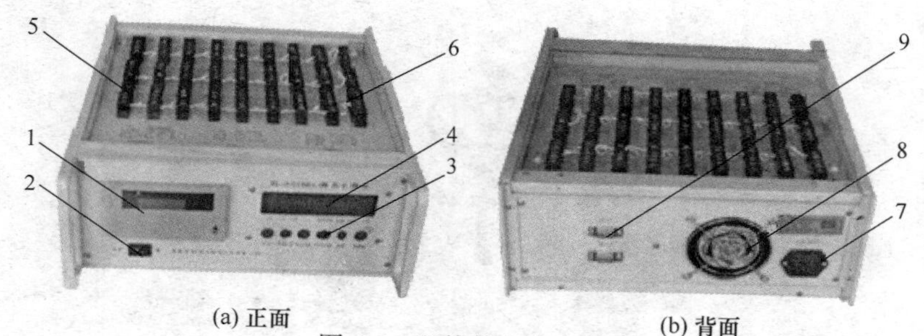

(a) 正面　(b) 背面

图 1-1　程控静态应变仪

①打印机；②电源开关；③测量功能按键→由左至右：“打印”“系数设定”“单点平衡”“自动平衡”“通道减”“通道增”；④显示窗口；⑤接线端子；⑥补偿端子；⑦电源插座；⑧风扇；⑨通讯串口

（2）YHD-50 位移传感器：量程 50mm，如图 1-2 所示；

图 1-2　YHD-50 位移传感器

（3）BED-25 位移传感器标定支架，如图 1-3 所示；

图 1-3　位移传感器标定支架

（4）BLR-1 型负荷传感器：量程 100kN，如图 1-4 所示；

图 1-4　BLR-1 型负荷传感器

（5）0. 3 级标准测力计，如图 1-5 所示；

图 1-5　0. 3 级标准测力计

（6）JSYZ-100 土木结构教学试验装置，如图 1-6 所示。

图 1-6　土木结构试验装置

三、实验原理

依照《国家计量法》的规定，计量测试仪器、器具必须进行周期检定。标定计量测试仪器、器具时，要用高一级精度的仪器作为基准，对被测仪器进行标定，并计算出相应的误差和修正系数。

四、实验步骤

1. 位移传感器的标定

（1）标定时，采用千分卡尺作为基准值。将位移传感器与位移传感器标定支架联结好，位移传感器的伸缩杆与位移传感器标定支架联结成一条直线，并要求位移传感器的伸缩杆顶进 2mm 左右，将位移传感器标定支架的千分卡尺旋转到零位置上，检查是否连接可靠。

（2）位移传感器的内部接线为全桥，用万用表测量出桥路对应的静态电阻应变仪 A、B、C、D 各点，连接到静态电阻应变仪上；打开静态电阻应变仪的电源开关，将静态电阻应变仪调整到应变测量位置，然后对桥路进行初始化。

（3）将千分卡尺分 5 级对位移传感器进行标定，每级为 1mm，记录静态电阻应变仪的应变值；根据千分卡尺分给出标准值，求出位移传感器满量程的应变值。打开静态电阻应变仪的设置系统，将该点的应变测量转换到位移测量；根据被标定的位移传感器满量程，选择静态电阻应变仪的位移满量程分别输入到静态电阻应变仪中，这时静态电阻应变仪将测量出位移传感器位移值，单位为 mm。

（4）千分卡尺对位移传感器、静态电阻应变仪再次标定，每级 1mm，共 5 级。为保证数据更加准确，重复上述过程 1 次，求平均值。计算出总的相对误差，将标定情况及计算结果记录在表 1-1 和表 1-2 中。

表 1-1　位移传感器标定记录表 A

标准位移量 /mm	静态电阻应变仪读数/με			修正系数
	第一次	第二次	平均值	
0				
1				
2				
3				
4				
5				

表 1-2　位移传感器标定记录表 B

标准位移量 /mm	位移传感器读数/mm			
	第一次	第二次	平均值	误差/%
0				
1				
2				
3				
4				
5				

2. 力传感器的标定

(1) 标定时，采用测力计为基准值。先将力传感器连接到液压千斤顶上，再将标准测力计放到加载台座上，调整标准测力计百分表的初始值，标准测力计的读数可依照其附带的百分表读数与其荷载值的对应数据获得。标准测力计在加载（进程）和卸载（回程）中的同一荷载所对应的百分表读数略有不同，试验时要对照测力计荷载百分表读数对应数据操作仪器（表 1-3）。

表 1-3　测力计荷载与百分表读数对应数据

(11058)

测力计荷载/kN	0	10	20	30	40	50
百分表读数/mm	1.00	1.282	1.565	1.847	2.132	2.417

(10003)

测力计荷载/kN	0	10	20	30	40	50
进程百分表读数/mm	1.00	1.280	1.561	1.841	2.124	2.407

续表 1-3

(07539)						
测力计荷载/kN	0	10	20	30	40	50
百分表读数/mm	1.00	1.286	1.573	1.859	2.146	2.432

(11025)						
测力计荷载/kN	0	10	20	30	40	50
进程百分表读数/mm	1.00	1.280	1.559	1.839	2.119	2.398

(2) 力传感器的内部接线为全桥，用万用表测量出桥路对应的静态电阻应变仪 A、B、C、D 各点，连接到静态电阻应变仪上。打开静态电阻应变仪的电源开关，将静态电阻应变仪调整到应变测量位置，然后对桥路进行初始化。

(3) 根据力传感器的最大量程选择对应的标准测力计值，分级用液压千斤顶加载，记录静态电阻应变仪的应变值；根据标准测力计给出的标准值，求出力传感器满量程的应变值。

(4) 设置要求：当应变测量转换到力测量时，需要求出力传感器的满量程桥路电压的毫伏值，必须将力传感器满量程的应变值转换为电压的毫伏值，经过推导公式如下：

$$S = \frac{a}{2000}$$

式中 a——力传感器满量程的应变值；

S——力传感器满量程电压，mV。

(5) 静态电阻应变仪的设置系统。将应变测量转换到 F 力测量，根据被标定的力传感器满量程，选择静态电阻应变仪的满量程，将计算得到的 S 值分别输入到静态电阻应变仪中，这时静态电阻应变仪将直接显示出力传感器读数值，单位为 kN。

(6) 用标准测力计标准力值对力传感器、静态电阻应变仪再次标定。为保证数据更加准确，重复上述过程 1 次，求平均值；计算出总的相对误差，将标定情况及计算结果记录在表 1-4 和表 1-5 中。

表 1-4 力传感器标定记录表 A

标准测力计荷载/kN	静态电阻应变仪读数/με			修正系数
	第一次	第二次	平均值	
0				
10				
20				
30				
40				
50				

表 1-5　力传感器标定记录表 B

标准测力计荷载 /kN	力传感器读数/kN			
	第一次	第二次	平均值	误差/%
0				
10				
20				
30				
40				
50				

思 考 题

为什么计量测试仪器、器具必须进行周期标定？

实验 2　应变片的粘贴

本实验为综合性实验，实验要求为必修。

一、实验目的

掌握应变片的粘贴技术。

二、实验仪器

（1）电阻应变片，502 胶，酒精等，见图 2-1；

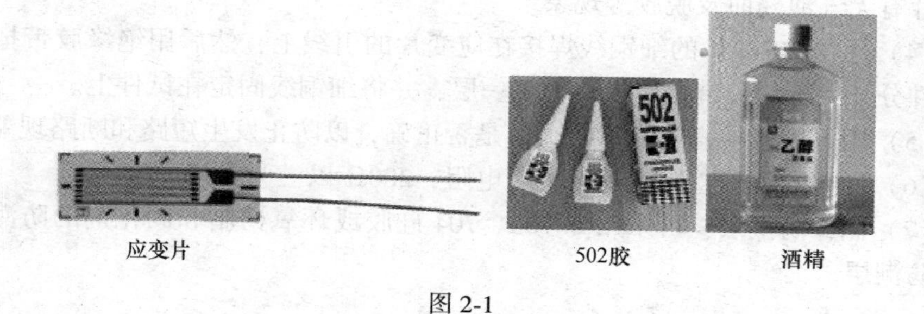

图 2-1

（2）电烙铁，镊子，导线，胶带，见图 2-2；

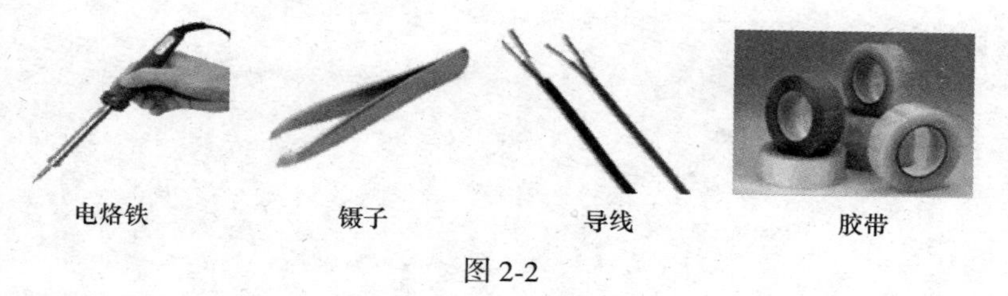

图 2-2

（3）万用表，等强度梁，见图 2-3。

三、实验步骤

（1）检查应变片是否有气泡霉斑等，用万用表检查应变片的阻值是否符合要求。

（2）将试件的贴片部位先用粗砂纸除去油污、锈斑等；再用细砂纸打磨至

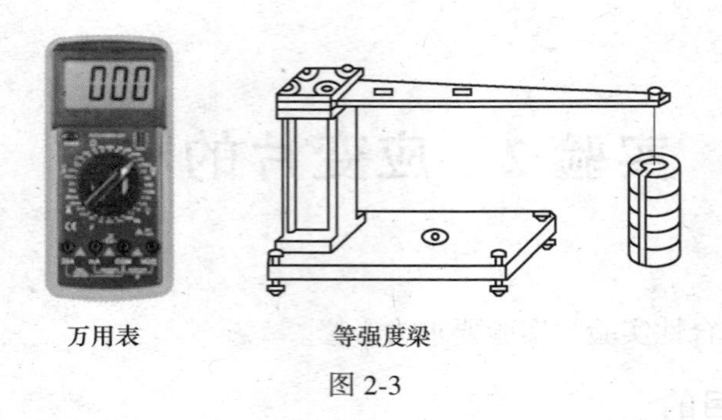

万用表　　　　等强度梁

图 2-3

没有斑痕，划出定位线；用棉球蘸酒精擦洗干净。

（3）贴片时，用一只手捏住应变片引线，在其底层均匀地涂一层 502 胶，然后准确地将其贴在定位位置上；用一小块塑料薄膜盖在应变片上，用手指顺丝栅方向滚动，以便挤出多余的胶水和气泡，稍停一两分钟后将塑料薄膜揭去，检查应变片有无气泡翘曲及脱胶等现象。

（4）用约 20cm 长的细铜线焊接在应变片的引线上，然后用绝缘胶带把引线和试件分开，再用胶带在应变片上绕一层，并将细铜线固定在试件上。

（5）用万用表检查应变片的阻值是否正确，以防止发生短路和断路现象。

（6）用兆欧表检查应变片的绝缘电阻，200Ω 以上为合格。

（7）制作防潮层：可采用如 703、704 硅胶或环氧树脂和固化剂的防潮剂等制作防潮层。

实验3　应变测量技术

本实验为综合性实验，实验要求为必修。

一、实验目的

（1）熟悉电阻应变仪的操作方法。

（2）学习和掌握利用电阻应变片和电阻应变仪测量构件应变值的电桥组桥方法。

二、实验仪器

（1）XL2118A静态电阻应变仪（软件使用参考附录B-2），如图3-1所示；

（2）等强度梁，如图3-2所示。

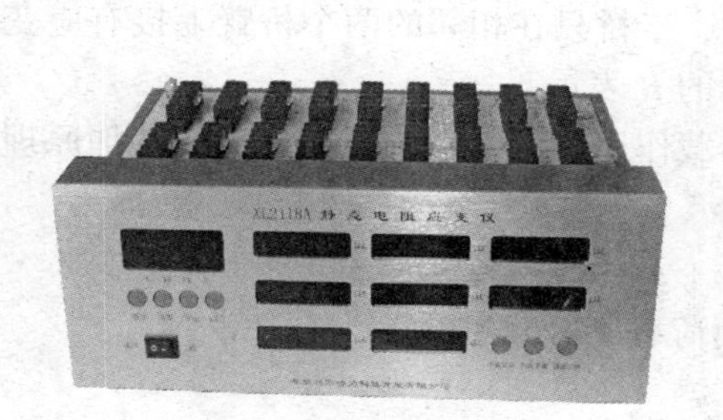

图3-1　静态电阻应变仪

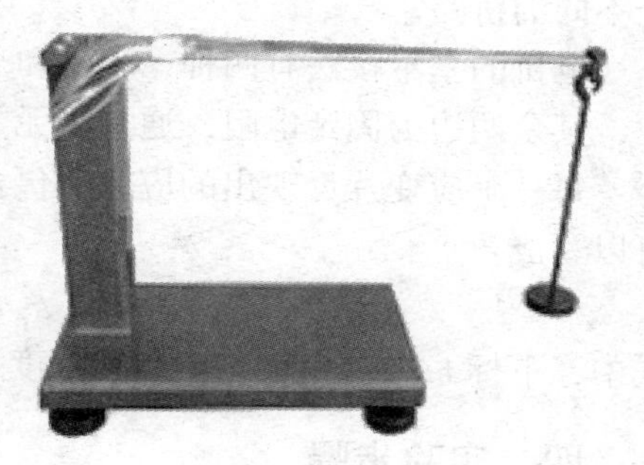

图3-2　等强度梁

三、实验原理

电阻应变仪的读数与其电桥四个桥臂应变片的应变值有如下关系：

$$\varepsilon_r = \varepsilon_1 - \varepsilon_2 + \varepsilon_3 - \varepsilon_4$$

利用电桥的这一特征，可以达到多种测量目的。

实验中，采用的试件为悬臂的等强度梁，测量在其自由端施加集中力时的弯曲应变。

等强度梁的截面高度是不变的，而宽度随加载点与被测截面的距离线性变化（图3-3）（$b=\alpha x$），因此等强度梁上下表面的应力（绝对值）为：

$$\sigma_x = \frac{M}{W} = \frac{Px}{\frac{1}{6}bh^2} = \frac{6P}{\alpha h^2}$$

即上下表面的应力沿其轴向是均匀的，不随位置而变化。

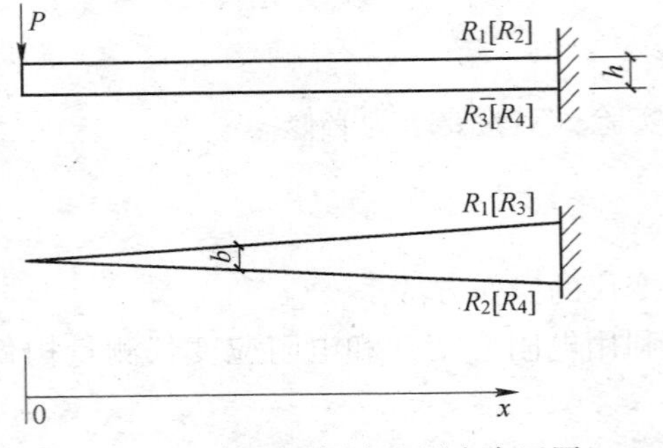

图 3-3　等强度梁应变测点布置图

在等强度梁上，上下表面沿轴向各布置 2 个应变片（R_1，R_2，R_3，R_4）另外，在梁的底座上布置 2 个温度补偿片（R_5，R_6）。利用这些应变片可以组成多个不同的桥路。

电桥的基本接法有两种，半桥和全桥，半桥只在相邻的两个桥臂上接有应变片，其余两边为固定电阻，通常以无下标的 R 表示。

每一个应变片反映出的应变值包含荷载作用和温度影响两部分，按迭加原理可以写成：

$$\varepsilon_r = \varepsilon_f + \varepsilon_t$$

式中，下标 f、t 分别表示荷载和温度，而荷载又可分为弯矩、轴力等。

四、实验步骤

实验分为半桥接法和全桥接法各两个实验。

1. 半桥接法

（1）a 接法（图 3-4）。这时温度补偿由专用的温度补偿片 R_5 完成。

$$\varepsilon_r = \varepsilon_1 - \varepsilon_5 = (\varepsilon_{1m} + \varepsilon_{1t}) - (\varepsilon_{5m} + \varepsilon_{5t})$$

而 $\varepsilon_{1m} = \varepsilon_m$，$\varepsilon_{1t} = \varepsilon_{5t}$，则 $\varepsilon_r = \varepsilon_m$。

（2）b 接法（图 3-5）。这时以工作片互为补偿片，而读数为实际应变的两倍，灵敏系数提高了 2 倍。

$$\varepsilon_r = \varepsilon_1 - \varepsilon_3 = (\varepsilon_{1m} + \varepsilon_{1t}) - (\varepsilon_{3m} + \varepsilon_{3t}) = 2\varepsilon_m$$

2. 全桥接法

（1）a 接法（图 3-6）。此种接法采用两个工作片和两个补偿片。

$$\varepsilon_r = \varepsilon_1 - \varepsilon_5 + \varepsilon_2 - \varepsilon_6 = 2\varepsilon_m$$

（2）b 接法（图 3-7）。在图 3-6 中，将 R_5 替换为 R_3，将 R_6 替换为 R_4。这种接法四个桥臂都是工作片，灵敏系数提高到 4 倍：

$$\varepsilon_r = \varepsilon_1 - \varepsilon_2 + \varepsilon_3 - \varepsilon_4 = 4\varepsilon_m$$

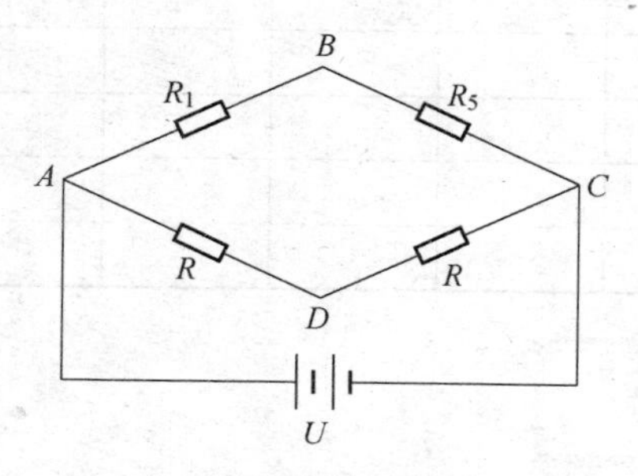

图 3-4　半桥 a 接法

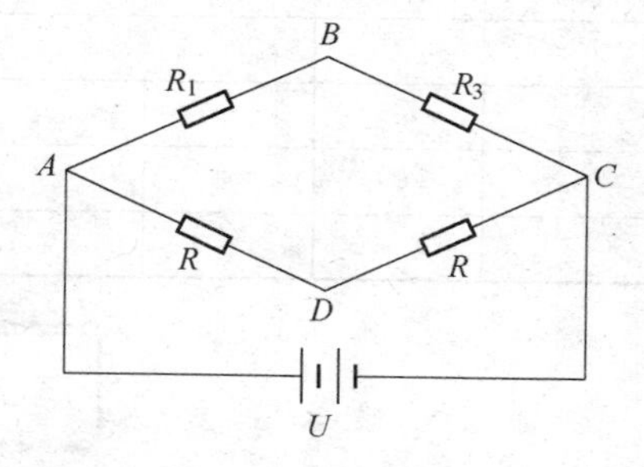

图 3-5　半桥 b 接法

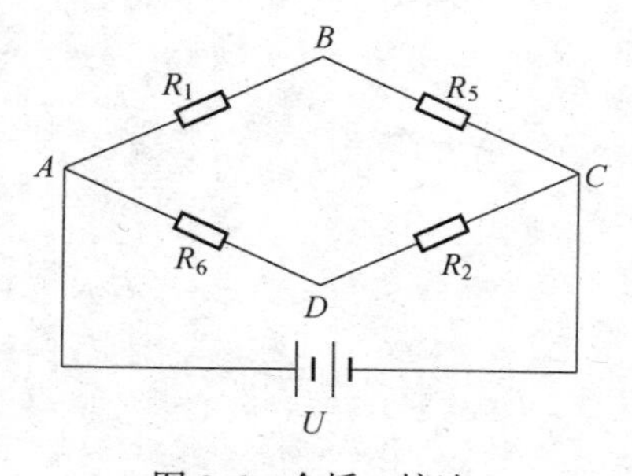

图 3-6　全桥 a 接法

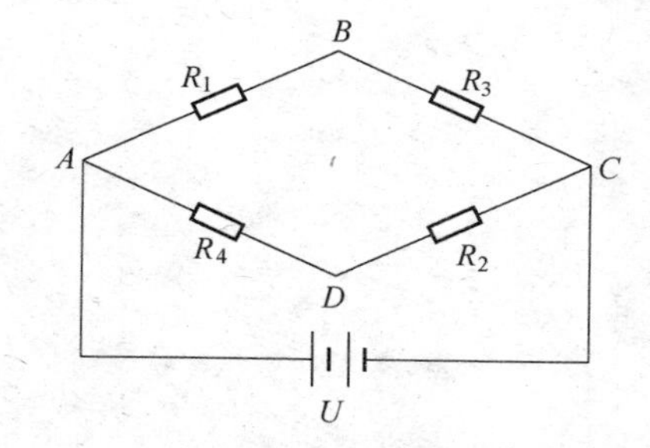

图 3-7　全桥 b 接法

3. 加载实验

分别在上述四种接法中接通桥路，利用标准砝码加载，将各级荷载相应的应变值记录在表 3-1 和表 3-2 中，并重复三次，计算平均值。

表 3-1　半桥接法实验记录

（με）

荷载 /kN	接法 a				接法 b			
	第 1 次	第 2 次	第 3 次	平均值	第 1 次	第 2 次	第 3 次	平均值

表 3-2 全桥接法实验记录 (με)

荷载/kN	接法 a				接法 b			
	第 1 次	第 2 次	第 3 次	平均值	第 1 次	第 2 次	第 3 次	平均值

思考题

观察实验结果，半桥接法和全桥接法的相应数据是否与理论推导的关系一致？

实验 4　无损检测技术

实验 4-1　无损检测混凝土的强度

本实验为综合性实验，实验要求为必修。

一、实验目的

（1）掌握无损检测混凝土强度的实验方法。
（2）学会使用 UTA2000A 型超声无损分析检测仪。

二、实验方法

实验方法为超声回弹综合法。

三、实验仪器

（1）数显回弹仪。回弹仪外观如图 4-1 所示，构造如图 4-2 所示。
（2）UTA2000A 型超声无损分析检测仪，如图 4-3 和图 4-4 所示。

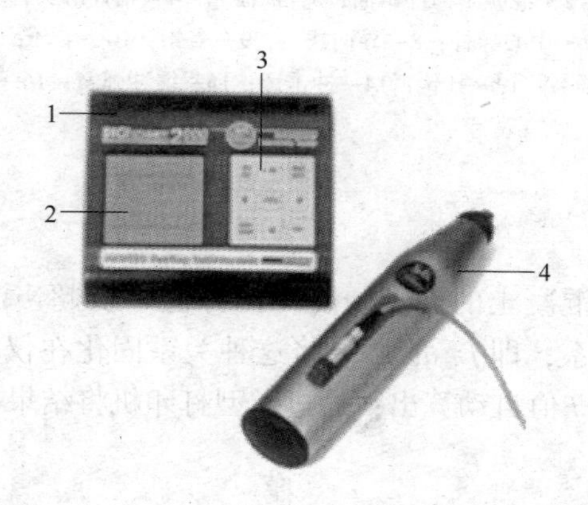

图 4-1　数显回弹仪外观
1—数显回弹仪主机；2—主机显示屏；
3—主机菜单；4—回弹仪

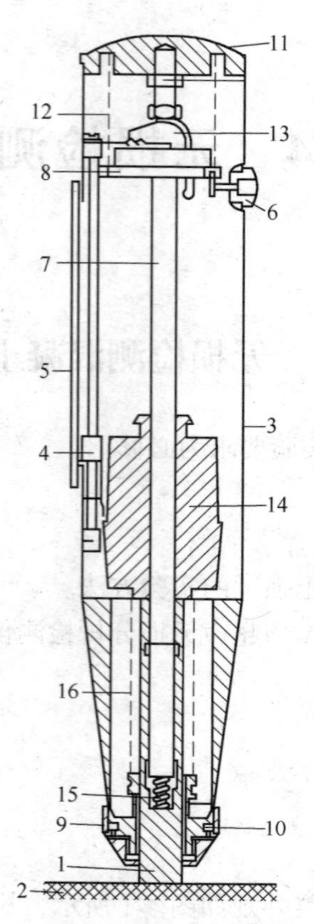

图 4-2 回弹仪构造

1—弹击杆；2—混凝土构件试面；3—仪器壳；4—指针滑块；5—刻度尺；6—按钮；7—中心导杆；8—导向法兰；9—盖帽；10—卡环；11—尾盖；12—压力弹簧；13—挂钩；14—冲击锤；15—缓冲弹簧；16—弹击拉簧

四、实验原理

混凝土的强度与混凝土的表面硬度（回弹值）及超声波在混凝土内部的传播速度具有一定的关系，即 $f=av^bR^c$。将这种关系固化在仪器内，只要求得 v 值及 R 值，则仪器会将 f 值自动算出；通过微型打印机将结果打印出来。

五、实验步骤

1. 测区的布置

（1）测区应均匀地布置在构件上，每个构件上的测区数不少于 10 个。

（2）对长度小于或等于 2m 的构件，其测区数量可适当减少，但不应少于 3 个。

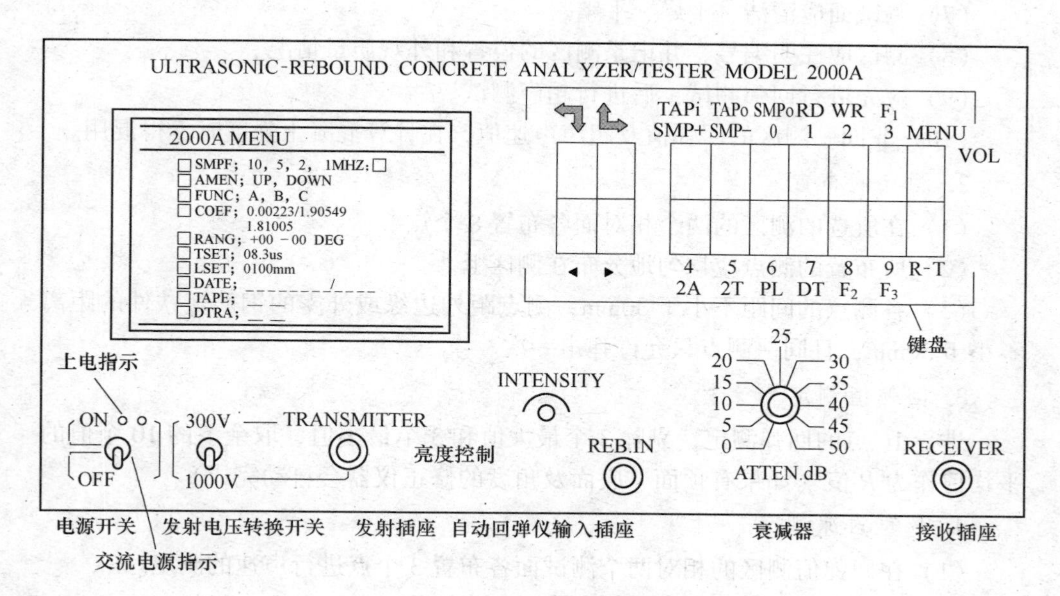

图 4-3　仪器前面板和菜单

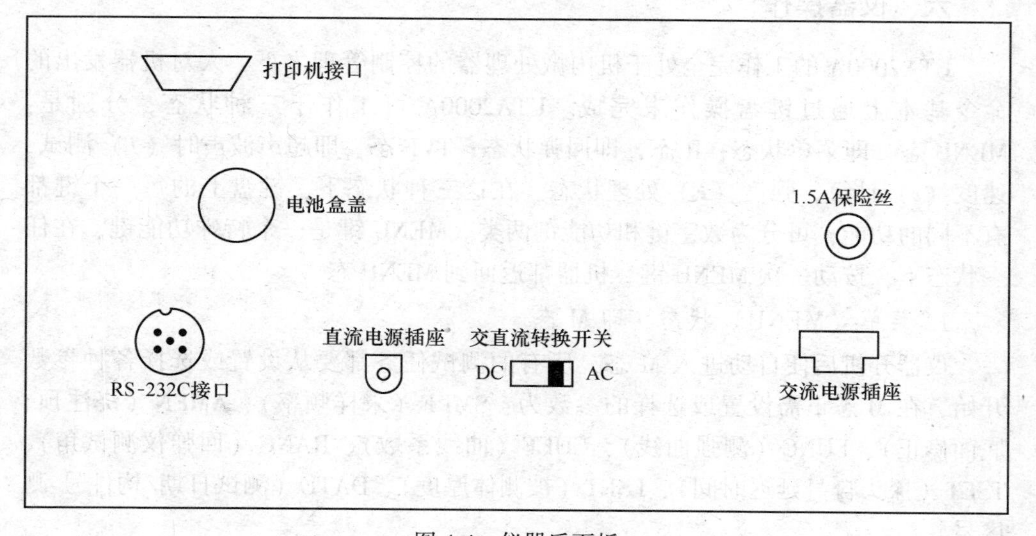

图 4-4　仪器后面板

（3）测区布置在构件混凝土浇筑方向的侧面。

（4）测区均匀分布，相邻两测区的间距不宜大于 2m。

（5）测区避开钢筋密集区和预埋件。

（6）测区尺寸为 200×200mm。

（7）测试面应清洁、干燥、平整。

（8）测区应注明编号，并记录测区的位置和外观质量情况。

（9）应先进行回弹测试，后进行超声测试。

（10）非同一测区的回弹值及超声声速值，在计算混凝土强度时不得混用。

2. 测点的布置

（1）在所选的测区的两个相对面各布置8个点。

（2）所布置的测点应均匀地分布在测区上。

（3）各测点的间距不小于30mm；测点距外边缘或外露的钢筋、铁件的距离不小于50mm；且同一测点只允许弹击一次。

3. 回弹值测定

进行16点的回弹测定，剔除3个最大值和3个最小值，取余下的10个值的平均值作为R值（如果有顶面、底面及角度的修正仪器会自动完成）。

4. 超声声速测定

（1）在回弹值测区的相对两个测试面各布置3个点进行声速的测定。

（2）取3个声速值的平均值作为最后的声速值v。

六、仪器操作

UTA2000A的工作完全处于机内微处理器的控制管理之下，人对机器发出的命令基本上通过键盘操作来完成。UTA2000A可工作于三种状态，分别是：MENU态，即菜单状态；R态，即回弹状态；TVF态，即超声波声时（T）测试，速度（v）计算，强度（F）处理状态。在这三种状态下，键盘上的每一个键都有不同的功能，可分为数字键和功能键两类。MENU键是一个特殊功能键，在任一状态下，按动一次MENU键，机器都返回到MENU态。

1. 菜单（MENU）状态，即M态

仪器开机后便自动进入M态，所有的测试任务都要从设置或选择各种参数开始，在M态下需设置或选择的参数为：SMPF（采样频率）、AMEN（浇注顶、底面修正）、FUNC（测强曲线）、COEF（曲线系数）、RANG（回弹仪测试角）、TSET（探头自身延迟时间）、LSET（被测体厚度）、DATE（测试日期/构件号-测区号）。

根据实验所需设置好参数后即可由微型打印机将清单打印出来，如图4-5所示。按一下R-T键即进入回弹测试状态，如图4-6所示。

2. 回弹测试状态（REBOUND TEST）状态，即R态

将所测得的16个回弹值通过键盘输入到仪器内，处理程序自动对这16个值进行排序，剔除3个最大值和3个最小值并做标记；之后计算平均回弹值

（RB. M）和修正值（RB. A）并显示。将结果打印出来，如图 4-7 所示。

3. 声时（*T*）速度（*V*）计算，强度（*F*）测试状态，即 TVF 态

在 R 态测试完成后按 R-T 键仪器便进入 TVF 态。

仪器进入 TVF 态后在 CRT 上方显示一数据行，下方显示一方框，其内将显示超声波信号的波形以及读测声时用的游标线，如图 4-8 所示。

```
CAT 2000A MENU
SMPF:2              MHZ
AMEN:UP
FUNC:A
COEF:        a=0.00223
             b=1.90549
             c=1.81006
RANG:-45            Deg
TSET:90.1           us
LSET:0100           mm
DATE:2004.10.11/01-00
```

图 4-5　菜单打印清单

```
REBOUND TEST
R.01=      R.02=
R.03=      R.04=
R.05=      R.06=
R.07=      R.08=
R.09=      R.10=
R.11=      R.12=
R.13=      R.14=
R.15=      R.16=
RB.M=
           RB.A=
```

图 4-6　R 态下的 CRT

```
REBOUND     #01-00
R.01=30  R.02=31
R.03=32  R.04=33
R.05=31  R.06=34
R.07=30  R.08=31
R.09=29  R.10=29
R.11=30  R.12=33
R.13=34  R.14=31
R.15=30  R.16=28
RB.M=31.0
         RB.A=34.8
```

图 4-7　回弹结果打印清单

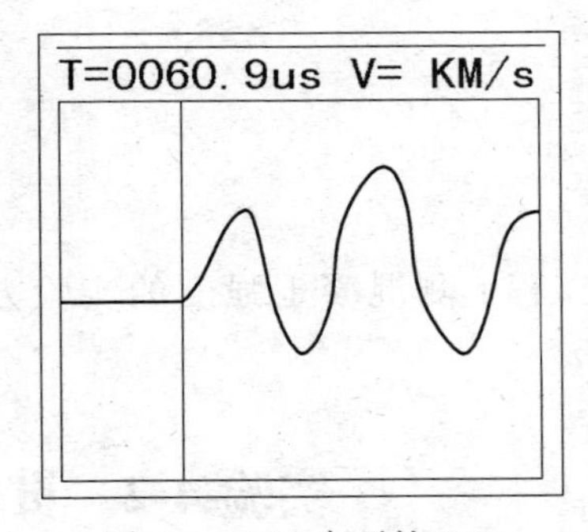

图 4-8　TVF 态下的 CRT

（1）声时测量。1）根据被测体的厚度选取适当的发射电压和衰减档次；2）将探头布置在选好的测点上，使发射与接收探头应布置在同一轴线上；3）按 F1/3 键直至信号出现在 CRT 上为止，在此过程中用户将发现 *T* 值在增加；4）当波形出现在 CRT 上后，可按“SMP+/TAPi”或“SMP-/TAP0”键将波形移动到满意的位置，也可按“SMP0/0”键在原位重新采集信号波形至满意为止，在此期间还可以调整衰减档次以获得要求的幅值；可按 2A/4 键将幅值加倍。5）移动光标至首波起跳位置，此时 *T* 值即为要测的声时值。至此第一点声时测量完

成，如图 4-8 所示。

（2）声速计算。按“WR/2”键，对应的声速值将显示在 V 的位置，同时在显示波形的方框内的左上角将显示“1”，表示这是第一测点的声时、声速，此时按 PL /6 可打印波形。每一测区进行 3 点测试后，按“F2/8”键，处理程序将计算平均声速修正值并显示于 v 下方，计算强度值 F 显示于 CRT 的左上方，按“DT/7”键令打印机打印本测区的声时、声速、强度结果。如图 4-9 所示。

```
TVF ---------- #01-00
T1=0025.7           μs
T2=0025.7           μs
T3=0026.7           μs
V1=3.891          Km/s
V2=3.891          Km/s
V3=3.745          Km/s
----------------------
Va=3.846          Km/s
#F=17.52           MPa
----------------------
```

图 4-9　TVF 结果显示

另外，也可单独采用回弹法进行混凝土强度的检测，利用回弹值及碳化深度求得混凝土强度值。回弹值、碳化深度与混凝土之间的换算详见参考文献 6。

特别说明：可以采用单一回弹法测定混凝土强度，相关数据可查参考文献 6。

思 考 题

工程上测混凝土强度的实验方法有哪些，采用超声回弹综合法的优点是什么？

实验 4-2　贯入法砂浆强度的检测

本实验为综合性实验，实验要求为必修。

一、实验目的

（1）掌握贯入式砂浆强度检测的实验方法。

（2）学会使用贯入式砂浆强度检测仪。

二、实验方法

贯入法。

三、实验仪器

贯入式砂浆强度检测仪，如图 4-10 所示。

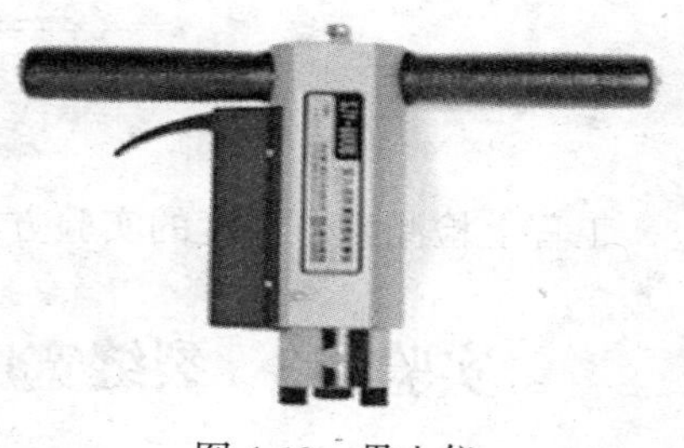

图 4-10　贯入仪

四、实验原理

贯入式砂浆强度检测仪采用压缩弹簧加荷，将一测钉贯入砂浆，根据测钉的贯入深度以及贯入深度与砂浆抗压强度的关系（测强曲线），来换算砂浆抗压强度。

五、实验步骤

1. 测点的布置

（1）在砌体上选择 16 个测点。

（2）每条灰缝测点不宜多于 2 个。

（3）相邻测点的距离不宜小于 240mm。

（4）检测时应避开竖向灰缝，水平灰缝厚度不宜小于 7mm。

2. 贯入深度的测定

（1）将测钉插入贯入杆的测钉座中，测钉尖端朝外，固定好测钉；

（2）用摇柄旋紧螺母，直至挂钩挂上为止，然后将螺母退至贯入杆顶端；

（3）将贯入仪扁头对准灰缝中间，并垂直贴在被测砌体灰缝砂浆的表面，握住贯入仪把手，扳动扳机，将测钉贯入被测砂浆中；

（4）将测钉拔出，用吹风器将测孔中的粉尘吹干净；

（5）将贯入深度测量表扁头对准灰缝，同时将测头插入测孔中，并保持测量表垂直于被测砌体灰缝砂浆的表面，从表盘中直接读取测量表显示值。

六、数据整理与计算

（1）贯入深度按下式计算：

$$d_i = 20.00 - d_i'$$

式中　d_i'——第 i 个测点贯入深度测量表读数，精确至 0.01mm；

d_i——第 i 个测点贯入深度值，精确至 0.01mm。

（2）剔除测得 16 个值中的 3 个最大值和 3 个最小值，取余下 10 个值的平均值作为最终的贯入深度。

（3）根据贯入的深度值查对应表格，得出砂浆强度。

思考题

工程上检测砂浆强度的实验方法有哪些？

实验 4-3　裂缝宽度观测与钢筋位置测定实验

本实验为综合性实验，实验要求为必修。

一、实验目的

（1）掌握裂缝观测原理及裂缝测宽仪的使用方法。
（2）掌握钢筋位置测定原理及混凝土钢筋检测仪的使用方法。

二、实验仪器

（1）DJCK-2 型裂缝测宽仪，图 4-11 所示；

放大倍数：40；
测量范围：0. 02～2. 0mm；
估读精度：0. 01mm；
使用电压：12VDC（8 节充电电池）；
尺寸：主机：270×15×50（mm）；
测量头：40×40×60（mm）；
质量：800g。

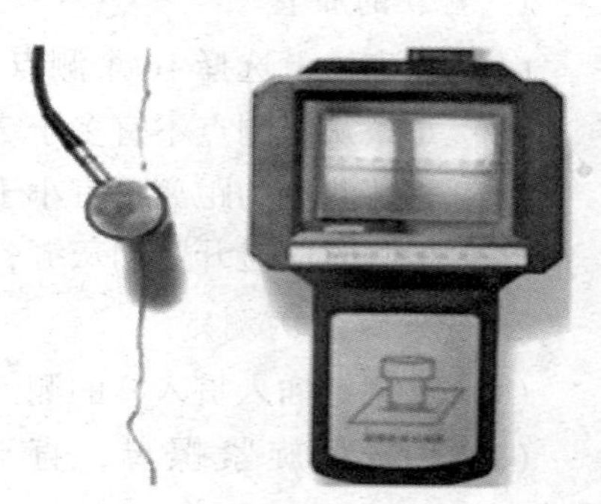

图 4-11　裂缝测宽仪

（2）ZBL-R620 混凝土钢筋检测仪，图 4-12 所示；

测量范围：6～90mm，10～180mm；
保护层厚度适用范围：$\phi6\sim\phi50$；
直径的测量范围：$\phi6\sim\phi32$；
数据存储容量：25000 个。

图 4-12　钢筋检测仪

（3）试验梁：1500（长）×100（宽）×200（高）。

三、实验步骤

1. 裂缝宽度观测与测量

（1）用电缆连接显示屏和测量探头，打开电源开关，将测量探头的两支脚放置在裂缝上；

（2）在显示屏上可看到被放大的裂缝图像，稍微转动摄像头使裂缝图像与刻度尺垂直；

（3）根据裂缝图像所占刻度线长度，读取裂缝宽度值（见图 4-13）。

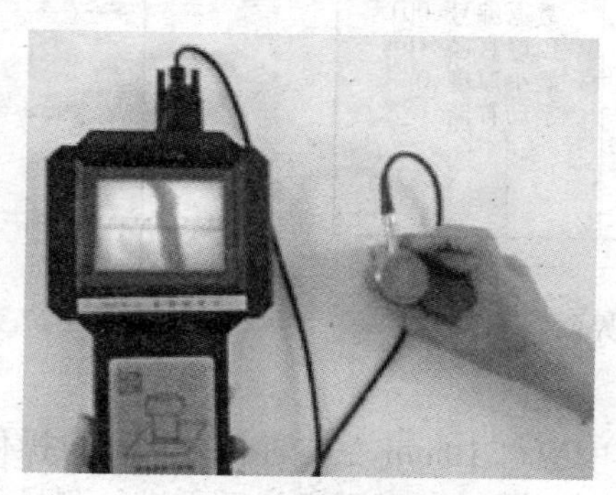

图 4-13　裂缝宽度测量示意图

2. 钢筋位置测量

（1）复位。将传感器拿在空气中，远离铁磁体。

1）按下确定键（图 4-14 测量界面）；

2）按下返回键（图 4-15 菜单界面），约 3 秒钟后，测试界面屏幕提示当前距离为“0”（见图 4-16），复位工作完成，进入测量等待状态。

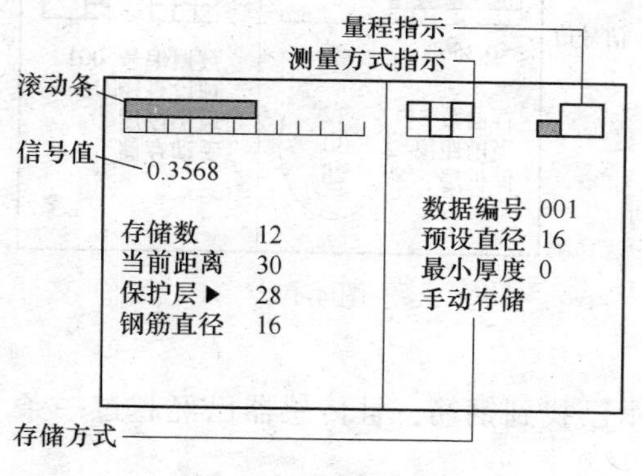

图 4-14　测量界面

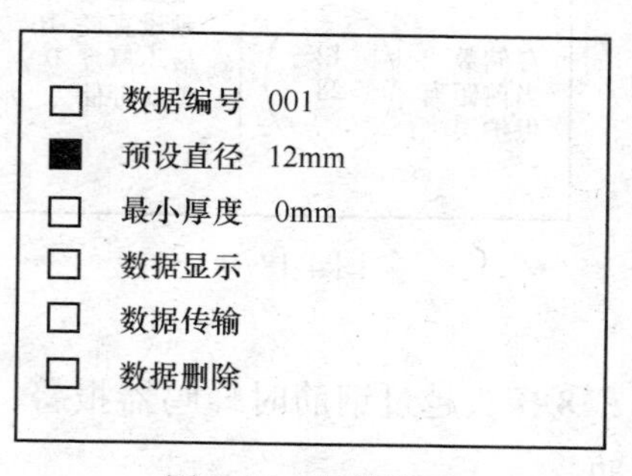

图 4-15　菜单界面

（2）确定钢筋位置及钢筋走向。为保证测量数据的准确性，请严格按照以下步骤进行测量：

1）探明钢筋分布情况。一般应首先定位上层钢筋（或箍筋），然后在两条上层钢筋（或箍筋）中间选定扫描线测量来定位下层钢筋（或主筋）（图 4-17）。

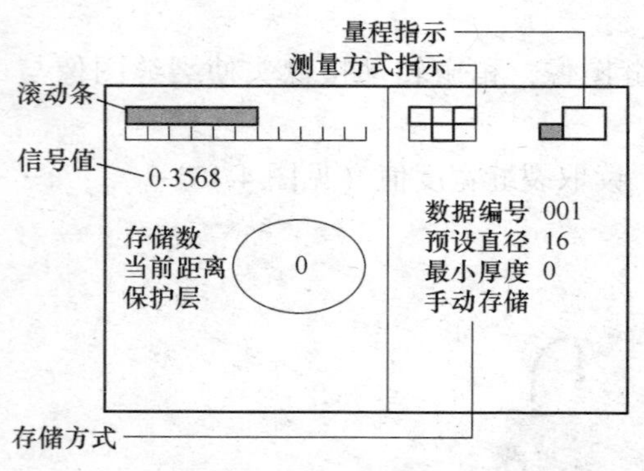

图 4-16　复位后界面状态

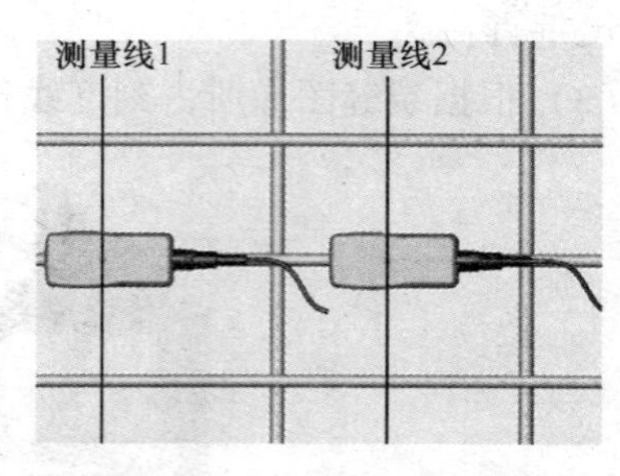

图 4-17　扫描线位置图

注意：在检测过程中应每 10min 左右进行一次复位操作；

　　　在测量数据有怀疑时，也可复位后再进行测量。

测量时按下列步骤操作，并注意观察以下信息（图 4-18）：

①复位操作，状态（图 4-16）。将探头置于被测混凝土表面，沿一个方向匀速移动传感器，滚动条逐渐加长，当前值减小（图 4-18）；

②探头越过钢筋时自动锁定钢筋保护层厚度值（图 4-19）；

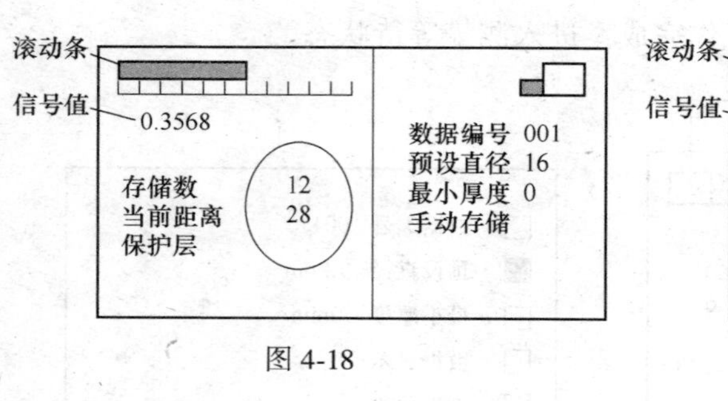

图 4-18

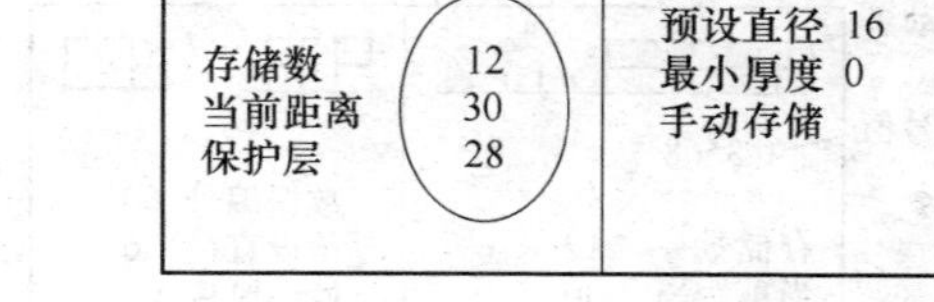

图 4-19

③探头越过钢筋时蜂鸣器报警，提示已找到钢筋，且传感器已经越过一条钢筋。

2）精确判定钢筋位置与走向

①反方向移动探头，找到当前距离值最小的位置，使当前值与保护层值一致，此时探头位置即为钢筋所在的准确位置（图 4-20）；

②旋转探头，使得信号值最大，此时探头走向即为被测钢筋走向（图4-20）。

3）测量保护层厚度

①已知钢筋直径

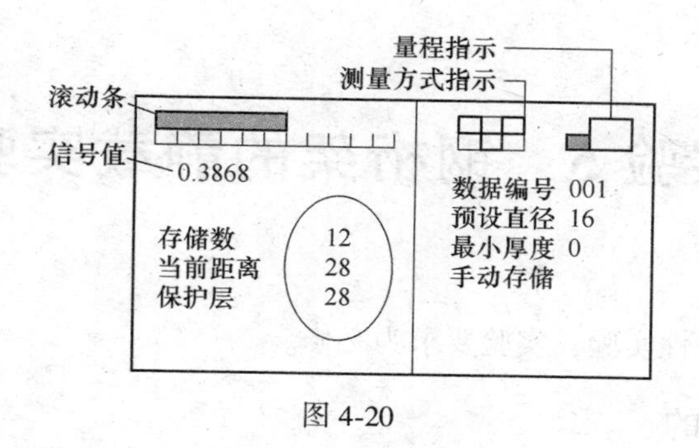

图 4-20

i. 输入设计钢筋直径；

ii. 按前述步骤判定钢筋位置（操作前先复位）；

iii. 屏幕显示锁定的保护层厚度值即为当前钢筋的混凝土保护层厚度；

iv. 手动存储状态下按存储键将当前值混凝土保护层厚度值存储；

v. 自动存储状态时已经自动将当前值混凝土保护层厚度值保存。

②不知钢筋直径

i. 复位；

ii. 精确判定钢筋位置；

iii. 按▲键即可测量钢筋直径及保护层厚度，此时屏幕显示实测的钢筋直径及锁定的保护层厚度值，保护层前面有▶提示，见图 4-14。

4）测量钢筋直径步骤

i. 复位操作；

ii. 精确判定钢筋位置；

iii. 将传感器放置在被测钢筋的正上方，并与被测钢筋平行；按下▲键，屏幕显示钢筋直径字样；约 2s 后，直径测量结果直接显示在屏幕上；仪器同时测量保护层厚度值，显示在保护层位置上，见图 4-14。

思考题

工程上钢筋位置的检测方法还有哪些？

实验 5 钢桁架的静载实验

本实验为验证性实验，实验要求为必修。

一、实验目的

（1）学习并全面掌握综合运用常用仪器和设备进行完整的结构静载实验方法。

（2）通过对钢桁架节点位移、支座沉降以及杆件内力的测量，和对测量结果的处理分析，掌握静载实验的基本过程。

二、实验仪器

（1）钢桁架，如图 5-1 所示；

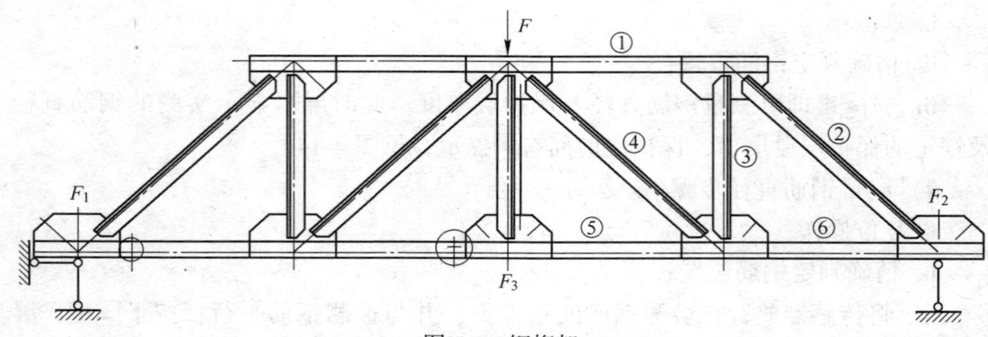

图 5-1 钢桁架

（2）百分表磁性表座，如图 5-2 所示；

图 5-2 百分表磁性表座

（3）电阻应变仪，见实验 1 图 1-1；

（4）测力传感器，见实验 1 图 1-4；

（5）JSYZ-100 土木结构教学试验装置，见实验 1 图 1-6。

三、实验装置及步骤

钢桁架荷载图式见图 5-3。图中杆件两侧均贴有电阻应变片，可测出对应杆件的应变值。百分表 F_1、F_2 分别测量网架在加载过程中的支座沉降值，F_3 测下弦跨中挠度（参见图 5-1）。

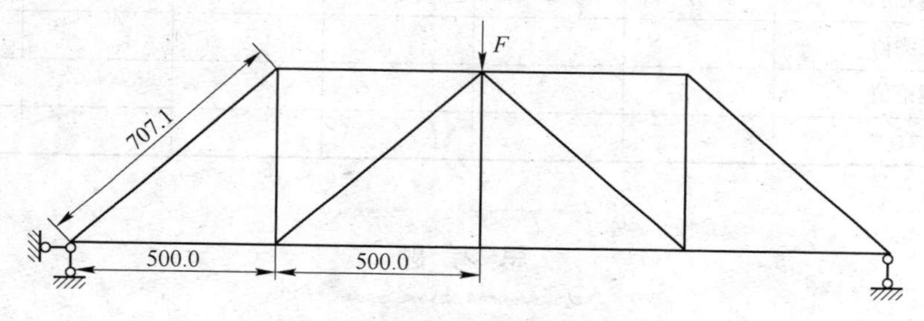

图 5-3　钢桁架荷载图式

由于支座沉降值的影响，应采用下列计算公式：

$$f_{挠} = F_3 - \frac{F_1 + F_2}{2}$$

（1）检查各设备及电阻应变片工作是否正常。在正式加载之前，首先施加预加荷载，观察试件的安装是否正确，仪表工作是否正常，以及安全措施是否合理等。

（2）加载实验：荷载分级加载，每级取为给定荷载值的 20%，直至给定的荷载值。将各级荷载值和相应的各个测点的仪器读数记录在表 5-1 中。

表 5-1　钢桁架实验记录

荷载/kN	应变测点/με						位移测点/mm			
	1	2	3	4	5	6	F_1	F_2	F_3	$f_{挠}$
10										
20										
30										
40										
50										

四、实验数据的处理

钢桁架原始数据：截面面积 $A=488.922\text{mm}^2$；弹性模量 $E=2.06\times10^5\text{MPa}$。

根据各测点的实测应变值和截面参数，计算给定荷载下各杆件的实际内力以及相应的理论值，并计算两者的误差填入表 5-2 中。绘制钢桁架跨中实测的荷载-挠度曲线。

表 5-2　桁架内力理论值和实测值　（kPa）

测点	①	②	③	④	⑤	⑥
实测值						
理论值						
误差/%						

思考题

试分析桁架内力理论值和实测值之间误差产生的原因。

实验6 动载实验

本实验为验证性实验，实验要求为必修。

一、实验目的

（1）了解单自由度系统模型自由衰减振动的有关概念。
（2）学习用频谱法分析信号的频率。
（3）学习测试单自由度系统模型阻尼比的方法。

二、实验仪器

（1）INV1601 振动与控制教学实验系统，如图 6-1 所示，由以下部件组成：
INV1601B 型振动教学实验仪；
INV1601T 型振动教学实验台；
加速度传感器；
调速电机或配重块；
MSC-1 力锤（橡胶头）。
（2）软件：INV1601 型 DASP 软件。

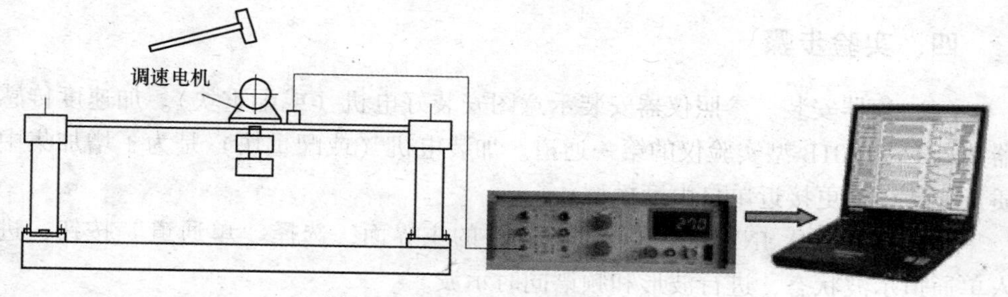

图 6-1 振动与控制教学实验系统

三、实验原理

结构的动力特性参数，主要包括自振频率、阻尼和振型等。测量方法有自由振动法、共振法和脉动法等；试验中采用的是自由振动法。

试验中，采用撞击法使试件产生自由振动，一般的自由振动试件时间历程曲线形状如图 6-2 所示。

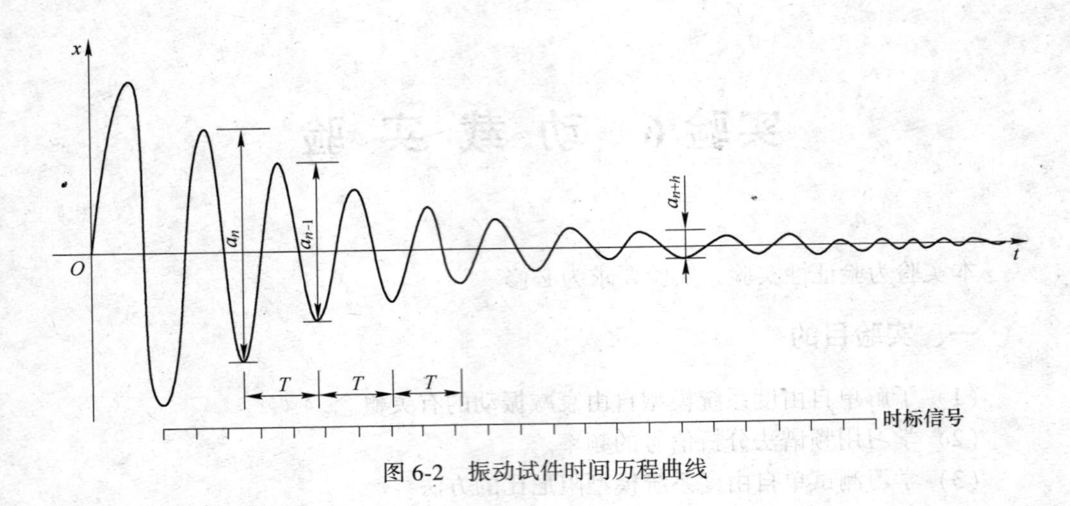

图 6-2　振动试件时间历程曲线

在记录纸上读出相应信号的尺寸，经与标尺比较后，即得到信号的幅值以及周期，随后利用下列公式得出结构的特征参数：

$$\omega = \frac{2\pi}{T} = 2\pi f \quad \xi = \frac{\ln \dfrac{a_n}{a_{n-1}}}{2\pi}$$

式中，T 为自振周期；ξ 为阻尼系数。

为消除冲击荷载的影响，最初几个周期的波形可以不予考虑，同时应取若干周期之和的平均值作为基本周期，以提高精度。

四、实验步骤

（1）仪器安装。参照仪器安装示意图安装好电机（或配重块）。加速度传感器接入 INV1601B 型实验仪的第一通道。加装电机（或配重块）是为了增加集中质量，使结构更接近单自由度模型。

（2）开机进入 INV1601 型 DASP 软件的主界面，选择“单通道”按钮，进入单通道示波状态，进行波形和频谱同时示波。

（3）在“采样参数”中设置好采样频率 1000Hz、采样点数 2k、标定值和工程单位等参数。

（4）调节“加窗函数”旋钮为指数窗。在时域波形显示区域中出现一红色的指数曲线。

（5）用小锤或用手敲击简支梁或电机，看到响应衰减信号，这时，按下鼠标左键读数。

（6）把采到的当前数据保存到硬盘上，设置好文件名、试验号、测点号和保存路径。

（7）移动光标收取波峰值和相邻的波峰值并记录，在频谱图中读取当前波形的频率值。

（8）重复上述步骤，收取不同位置的波峰值和相邻的波谷值。

（9）如果感兴趣，移动光标收取峰值，记录峰值，利用原理中的公式手工计算。

五、实验数据的整理与计算

（1）简支梁的自振频率理论值为：

$$\omega = \left(\frac{\pi}{L}\right)^2 \sqrt{\frac{EI}{m}};$$

（2）根据记录的曲线计算出自振周期和阻尼比；

（3）比较实测值和理论值的差别并且分析原因；

（4）完成实验报告，记录曲线应附在实验报告内。

思 考 题

动载实验的用途及意义是什么？

实验 7　钢筋混凝土梁正截面强度实验

本实验为综合性实验，实验要求为必修。实验学习者可扫码观看钢筋混凝土梁正截面强度虚拟仿真实验视频。

虚拟仿真实验

一、实验目的

（1）通过试验观察适筋梁、少筋梁及超筋梁的破坏过程及破坏特征。

（2）观察适筋梁纯弯段在使用阶段的裂缝宽度及裂缝间距。

（3）实测材料强度、梁的挠度及极限荷载。

（4）对比适筋梁、少筋梁及超筋梁的破坏形态和破坏荷载，及其挠度。

（5）通过试验初步了解混凝土的简支梁正截面试验的一般原理和方法，并分析测得的数据。

二、实验原理

根据钢筋混凝土梁正截面承载力计算的方法，在教师的指导下进行钢筋混凝土的少筋梁、适筋梁和超筋梁的设计，并且保证在梁发生正截面破坏前斜截面不发生破坏，以便观察正截面的各种破坏形态。

一般受弯构件正截面受力的三个阶段，由 $M/M_u \sim f$ 曲线来表示，见图 7-1。

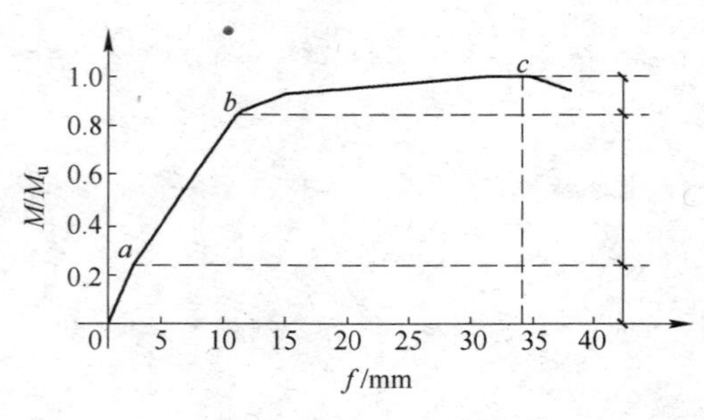

图 7-1　$M/M_u \sim f$ 曲线

受弯构件受力主要分三个阶段，如图 7-2 所示。钢筋混凝土少筋梁、适筋梁和超筋梁的破坏如图 7-3 所示。

试验表明，钢筋混凝土受弯构件的破坏形态主要与配筋率 ρ 有关，还和钢筋

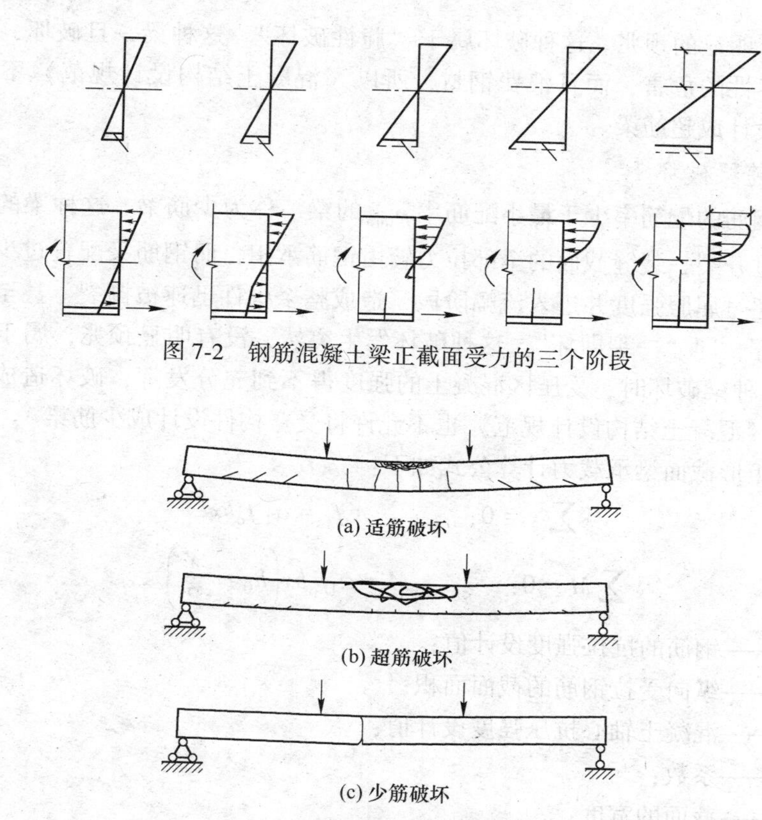

图 7-2　钢筋混凝土梁正截面受力的三个阶段

(a) 适筋破坏

(b) 超筋破坏

(c) 少筋破坏

图 7-3　受弯构件正截面破坏形态

及混凝土的强度等级有关。对于常用的钢筋和混凝土等级来说，受弯构件的破坏形态取决于配筋率 ρ，主要有适筋梁破坏、超筋梁破坏和少筋梁破坏三种形态。

1. 适筋梁破坏

纵向受拉钢筋配筋率适中（$\rho_{min} \leqslant \rho \leqslant \rho_b$）的梁称为适筋梁。适筋梁发生正截面破坏时，其破坏特征为：破坏首先从受拉区开始，受拉钢筋先发生屈服，直到受压区边缘混凝土达到极限压应变 ε_{cu}，受压区混凝土被压碎而告终。从钢筋开始屈服到受压区混凝土达到极限压应变这一过程中，受拉区混凝土的裂缝逐渐扩展、延伸，梁的挠度明显加大，受拉钢筋和受压区混凝土都呈现出明显的塑性性质，破坏常给人们以明显预兆。这种破坏属于“延性破坏”。

2. 超筋梁破坏

受拉钢筋的配筋率超过最大配筋率 ρ_b 的梁，称为超筋梁。这种梁由于受拉钢筋配置过多，在外荷载作用下，受拉钢筋尚未屈服时，受压区混凝土即被压碎而破坏。破坏时，受拉区钢筋还处于弹性阶段，裂缝宽度小，梁的挠度小，破坏突然，没有明显的预兆。这种破坏属于“脆性破坏”。这种梁一旦破坏，会给人们带来突然性的危害，而且浪费钢材，所以《混凝土结构设计规范》不允许将受弯构件设计成超筋梁。

3. 少筋梁破坏

受拉钢筋的配筋率少于最小配筋率ρ_{min}的梁，称为少筋梁。这种梁的受拉区混凝土一旦开裂，裂缝截面的全部拉力转由钢筋承担，而钢筋又配置过少，其拉应力很快超过屈服强度并进入流幅阶段，造成整个构件迅速被撕裂，甚至钢筋被拉断而破坏，即“一裂即坏”。这种破坏发生突然，没有明显预兆，属于“脆性破坏”。这种梁破坏时，受压区混凝土的强度得不到充分发挥，破坏造成的危害严重，故《混凝土结构设计规范》也不允许将受弯构件设计成少筋梁。

单筋矩形截面梁承载力计算公式如下：

$$\sum x = 0: \qquad A_s f_y = \alpha_1 f_c bx \tag{7-1}$$

$$\sum M = 0: \qquad M = \alpha_1 f_c bx\left(h_0 - \frac{x}{2}\right) \tag{7-2}$$

式中　f_y——钢筋的抗拉强度设计值；

A_s——纵向受拉钢筋的截面面积；

f_c——混凝土轴心抗压强度设计值；

α_1——系数；

b——截面的宽度；

x——混凝土受压区高度；

h_0——截面有效高度；

M——截面弯矩设计值。

由于式（7-1）和式（7-2）两个基本公式是根据适筋破坏推得，因此要使公式成立必须满足下列适用条件：

（1）为防止发生超筋破坏，应满足：

$$\xi \leqslant \xi_b（或\ \rho \leqslant \rho_b，或\ x \leqslant \xi_b h_0）$$

（2）为防止发生少筋破坏，应满足：

$$\rho = \frac{A_s}{bh_0} \geqslant \rho_{min}\frac{h}{h_0}（或\ A_s \geqslant \rho_{min} bh）$$

式中，ρ_{min}为纵向受力钢筋最小配筋率。

《混凝土结构设计规范》规定，对于受弯构件、偏心受拉和轴心受拉构件的纵向受力钢筋最小配筋率ρ_{min}不应小于0.2%和$45f_t/f_y$中的较大值；在设计中应保证钢筋混凝土梁斜截面不发生破坏。按照“强剪弱弯”的原则进行设计。受弯构件斜截面受剪承载力计算公式，是以剪压破坏为依据建立的半理论半经验公式。

当截面仅配箍筋时，对于矩形、T形和I字形截面的一般受弯构件：

$$V \leqslant V_{cs} = 0.7f_t bh_0 + 1.25f_{yv}\frac{A_{sv}}{s}h_0 \tag{7-3}$$

式中　V——受弯构件计算截面的剪力设计值；

V_{cs}——构件斜截面上混凝土和箍筋的受剪承载力设计值；

f_t——混凝土的抗拉强度设计值；

b——矩形截面宽度，T形、I字形截面的腹板宽度；

h_0——截面有效高度；

f_{yv}——箍筋的抗拉强度设计值；

A_{sv}——配置在同一截面内箍筋各肢的全部截面面积：$A_{sv} = nA_{sv1}$，此处，n 为在同一截面内箍筋的肢数，A_{sv1} 为单肢箍筋的截面面积；

s——沿构件长度方向的箍筋间距。

对于集中荷载作用下（包括作用有多种荷载，其中集中荷载对支座截面或节点边缘所产生的剪力值占总剪力值的75%以上的情况）的独立梁，仅配箍筋时：

$$V \leqslant V_{cs} = \frac{1.75}{\lambda + 1}f_t bh_0 + f_{yv}\frac{A_{sv}}{s}h_0 \tag{7-4}$$

式中，λ 为计算截面的剪跨比，可取 $\lambda = a/h_0$；当 $\lambda < 1.5$ 时，取 $\lambda = 1.5$，当 $\lambda > 3$ 时，取 $\lambda = 3$；集中荷载作用点至支座之间的箍筋，应均匀配置。

公式的适用条件为：

（1）截面限制条件（上限值）。为了避免因截面过小、配箍过多而发生斜压破坏，《规范》给出了斜截面最大受剪承载力的上限值：

$$\left.\begin{aligned} &h_w/b \leqslant 4 \text{ 时：} V \leqslant 0.25\beta_c f_c bh_0 \\ &h_w/b \geqslant 6 \text{ 时：} V \leqslant 0.20\beta_c f_c bh_0 \\ &4 < h_w/b < 6 \text{ 时，按线性内插法确定} \end{aligned}\right\} \tag{7-5}$$

式中　V——构件斜截面上的最大剪力设计值；

β_c——混凝土强度影响系数：当混凝土强度等级不超过C50时，取 $\beta_c = 1.0$；当混凝土强度等级为C80时，取 $\beta_c = 0.8$；其间按线性内插法确定；

f_c——混凝土轴心抗压强度设计值；

h_w——截面的腹板高度，对于矩形截面，取有效高度；对于T形截面，取有效高度减去受压翼缘高度；对于I字形截面，取腹板净高。

（2）最小配箍率条件（下限值）。为了避免因箍筋过少而发生斜拉破坏，《规范》规定，截面配箍率应满足：

$$\rho_{sv}=\frac{A_{sv}}{bs}\geqslant\rho_{svmin}=0.24\frac{f_t}{f_{yv}} \tag{7-6}$$

此外，为了保证构件在剪力作用下能可靠工作，《规范》对箍筋的最大间距，以及箍筋的最小直径，也做出了规定。

三、试件设计及制作

1. 试件设计

设计的混凝土强度为C20，纵向受力钢筋为Ⅰ、Ⅱ级（要求Ⅰ级钢筋端部带弯钩、Ⅱ级钢筋不带弯钩），箍筋为Ⅰ级钢。少筋梁（L-1）、适筋梁（L-2），超筋梁（L-3）的配筋信息见表7-1。

表7-1 配筋信息表

项目	①	②	③	L_1	L_2	宽度/mm	高度/mm	保护/mm
L-1	2ϕ4	2ϕ8	ϕ6@100	900	900	120	180	25
L-2	2Φ12	2ϕ8	ϕ6@100	900	900	120	180	25
L-3	4Φ12	2ϕ8	ϕ6@100	900	900	120	180	25

2. 试件制作

试件采用钢模制作，平板振捣器振捣，常温下养护，制作试件的同时预留混凝土150×150×150mm立方体试块和纵向受力钢筋试样，以测得混凝土和钢筋的实际强度。

四、加载装置

采用两点对称加载，梁中部为纯弯段，加载采用油压千斤顶，加载方式、测试仪表布置如图所示。试验数据采用SL2101B5+静态电阻应变仪采集数据。千斤顶、分配梁应与试件在同一平面并对中。3个机电百分表，f_A、f_B用来测定支座沉降值，f_C用来测量跨中挠度。

五、安全注意事项

（1）实验区域要整洁；

（2）加载系统稳定可靠；

（3）仪表安装应轻拿轻放，并绑好安全绳；

（4）试验中不得触动仪器仪表，以免影响读数的准确性；

（5）试验梁下中应设安全架，以免破坏时伤害操作者和损坏仪器。

六、加荷程序

（1）预加载，级距取 20%的标准荷载，共二级，其目的是检查整个试验工作是否正常。

（2）正式试验，采用分级加荷法，荷载分级不宜超过计算破坏荷载的 10%（构件开裂前宜取标准荷载的 5%，直加到裂缝出现，以确定开裂荷载值）。

作用在构件上的试验设备重量及构件自重应作为第一次加荷的一部分。每一级加荷后宜保持 10min，待变形稳定后再进行读数和观察。

七、实验数据整理

（1）描述适筋梁破坏的全过程，并与超筋梁、少筋梁相比较；
（2）绘制适筋梁、少筋梁及超筋梁的荷—挠度曲线；
（3）绘制适筋梁的裂缝开展图及应变图；
（4）求实测极限弯矩 M_u^s 与计算极限弯矩 M_u 之比。

八、试件的材料性能

将实验中测得的试件混凝土实测强度和钢筋实测强度数据，填入表 7-2 和表 7-3 中。

表 7-2　混凝土实测强度

项目	龄期/d	抗压强度/N·mm^{-2}				占设计标号
		1	2	3	代表值	
L-1	28					
L-2	28					
L-3	28					

表 7-3　钢筋实测强度

直径/mm	面积/mm^2	物理性能			
		屈服点荷载/kN	屈服点/N·mm^{-2}	破坏荷载/kN	抗拉强度/N·mm^{-2}
Φ12（适）					
Φ8（架）					
Φ6（箍）					
Φ4（少）					

九、截面实测尺寸

截面实测尺寸用尺测量为：

$$L \times b \times h = 2800 \times 120 \times 180$$

十、实验记录

将实验记录及整理后的数据填入表 7-4~表 7-7 中。

表 7-4　百分表测定记录与整理（一）

测试内容	适筋梁荷载挠度曲线					
序号	荷载/kN	挠度/mm			跨中实际挠度	挠度差
		跨中 f_C	左支座 f_A	右支座 f_B		
0						
1						
2						
3						
4						
5						

表 7-5　百分表测定记录与整理（二）

测试内容	少筋梁荷载挠度曲线					
序号	荷载/kN	挠度/mm			跨中实际挠度	挠度差
		跨中 f_C	左支座 f_A	右支座 f_B		
0						
1						
2						
3						
4						
5						

表 7-6　百分表测定记录与整理（三）

测试内容	超筋梁荷载挠度曲线					
序号	荷载/kN	挠度/mm			跨中实际挠度	挠度差
		跨中 f_C	左支座 f_A	右支座 f_B		
0						
1						

续表 7-6

测试内容	超筋梁荷载挠度曲线					
序号	荷载	挠度/mm			跨中实际挠度	挠度差
		跨中 f_C	左支座 f_A	右支座 f_B		
2						
3						
4						
5						

表 7-7　电阻应变仪测试记录与整理

应变片灵敏系数 K		钢：2. 05±0. 28%； 混凝土：2. 12±1. 3%		应变片电阻值	钢：120±0. 1% 混凝土：120±0. 1%	
测试内容		适筋梁荷载与钢筋混凝土应变				
序号	荷载/kN	ε_{s1}	ε_{s2}	ε_{c1}	ε_{c2}	ε_{c3}
0						
1						
2						
3						
4						
5						
6						
7						
8						

十一、试验结果分析整理

（1）分析适筋梁破坏的全过程，与超筋梁、少筋梁进行比较；
（2）适筋梁裂缝开展图；
（3）绘制适筋梁、少筋梁、超筋梁 p-f 曲线；
（4）求实测极限弯矩 M_u^s 与计算极限弯矩 M_u 之比；
（5）绘出适筋梁混凝土应变分析图。

下篇

仪器使用说明

本篇以附录的形式，介绍土木工程结构试验与检测实验中所使用的大型仪器设备的工作原理和操作要求，同时介绍了设备所用软件的操作流程。

仪器 A　大型仪器设备使用说明

A-1　YJ-PY-3000 短柱偏心压缩实验装置（软件使用参考 B-1）

一、概述

YF-Ⅱ/25-4 型多通道液压加载控制系统，由液压站和触摸屏控制柜组成。液压站由液压柱塞泵、驱动电动机、油箱、溢流阀、换向阀块、节流阀块和伺服阀等构成。液压站有 4 路输出通道、2 路手动通道和 2 路伺服通道，手动通道通过手动操作泵站进行载荷加载；通过伺服控制柜和泵站调节输出量进行加载，实现载荷位移的闭环控制。液压加载系统可对液压油油液的流向、压力和流量进行控制，适用于驱动装置与液压站分离的各种机械上。将液压站与驱动装置（油缸或马达）用油管相连，液压系统即可使目标对象实现各种规定的动作。本装置在工业加工及教学实验设备领域有广泛应用，如图 A-1 所示。

二、泵站操作面板

泵站操作面板如图 A-2 所示。

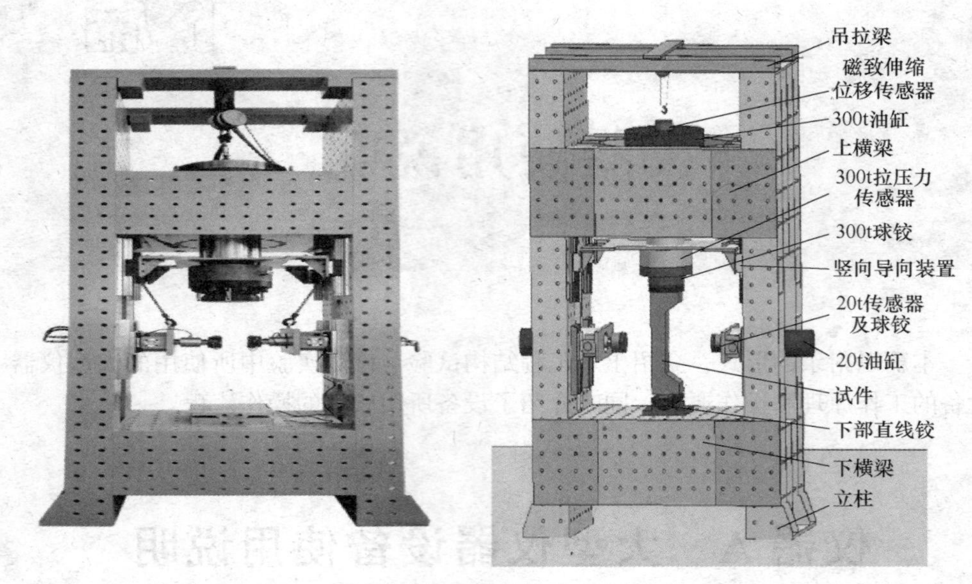

图 A-1　短柱偏心压缩实验装置及各部分组成

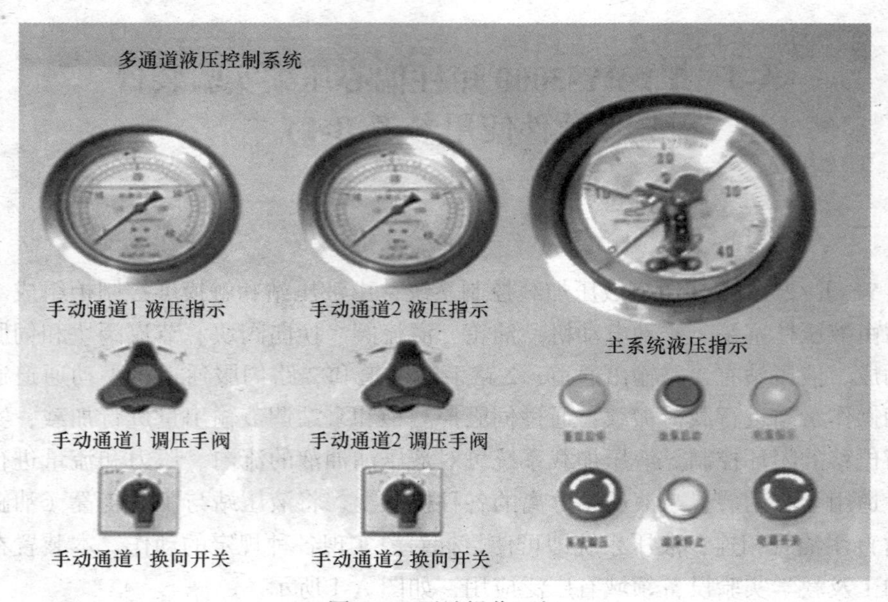

图 A-2　泵站操作面板

泵站操作面板各按键旋钮操作功能为：

（1）电源开关：旋钮旋起，电源指示灯亮起，机器通电。

（2）系统卸压：旋钮旋起，蓄能器可通电，使可进行系统储存油压的输出和油泵的启动；旋钮旋下，油泵停止工作，蓄能器不接通。

（3）油泵启动：按下按钮，绿色指示灯亮，电动机旋转，带动油泵为液压系统供油。

（4）蓄能启停：自锁按钮，工作状态为按下启用，按钮变为绿色灯亮。液压系统使用时，蓄能器处于接通状态。

（5）油泵停止：与油泵启动互锁。按下按钮，红色指示灯亮，油泵停止运转，液压系统增压停止。

（6）电源指示灯：用于系统接通电源的指示。

压力指示调节区域各仪表和手轮的功能为：

（1）电接点压力表：用于主系统油压指示。油泵启动后，系统开始增压。增压过程中，当黑色压力指示针到达红针时，油泵停止；当压力下降至绿针位置时，油泵自动重新启动，使压力维持在绿针和红针间的压力范围内。可以通过扁头螺丝刀调节红针和绿针范围确定液压系统的上下限，一般上限调至 20～25MPa，下限设定在 10～15MPa。

（2）抗震压力表：用于手动通道 1 和手动通道 2 的输出油压指示。

（3）压力调节旋钮：用于手动通道 1 和手动通道 2 的调压，左旋调小油压，右旋调大油压。手动输出油压不会超过液压系统主系统的油压。

（4）油路转换开关：换向开关处于中位时手动通道不对外进行加载，左位和右位分别控制油缸活塞杆的伸出和缩进。

（5）系统压力输出手轮：右旋旋开（0～3 圈），系统对外输出油压，进行加载。关闭手轮，液压系统不对外进行油压输出加载。

（6）回油手轮：调节进油手轮和回油手轮可以对液压系统油压进行加载和卸载。

（7）进油手轮：用于控制手动压力输出 1 和 2 通道加载的快慢，右旋（0～3 圈）打开加载和增大加载速度；左旋减小加载速度和关闭加载。

三、加载操作步骤

（1）启动泵站电源：按下蓄能启停按钮，旋起电源开关和系统卸压旋钮；

（2）系统增压：打开油泵启动按钮，开启系统增压过程；当执行步骤（1）时，电接点压力表黑色油压指示针低于设定油压下限（绿针），油泵会自动启动。

（3）加载：加载前，先将液压缸的油管正确连接到泵站加载输出通道上。

1）伺服通道加载

①打开触摸屏进入伺服控制操作界面，点击伺服启动，设定加载模式和加载参数，启动加载。

②打开泵站机体进油手轮，旋转 1～3 圈，系统经过伺服控制阀对外供油，

开启加载。加载过程中，如果蓄能器已经储存足够多的油压，可以按下“油泵停止”按钮停止油泵工作，利用蓄能器内储存油压对外加载。

③加载结束后，通过伺服位移控制模式，设定液压加载油缸的行程小于现在活塞杆伸出位移，使活塞杆脱离试件。

2）手动通道加载

①打开泵站机体进油手轮，旋转1~3圈。

②旋转手动调压手柄，根据油压指示表调定1MPa左右的输出压力。如果活塞杆距离加载试件距离较远，可以适当调大油压。

③打开对应手动输出通道的系统输出手轮，旋转1~3圈，旋开圈数越多，加载越快。

④旋动油路转换开关，控制活塞杆的缩进或者伸出，控制加载过程。加载过程中，用手柄调节油压增大或者减小加载载荷，用手轮控制加载速度。

⑤加载完毕，反向旋转油路转换开关，使油缸活塞杆脱离试件。

（4）加载注意事项

1）正确连接油管。

2）伺服闭环加载时，打开控制柜触摸屏，设定加载参数启动加载后，再缓慢打开系统压力输出手轮。

3）液压系统主系统油路（电接点压力表）有油压时，打开系统压力输出手轮，如果触摸屏未对伺服通道启用控制，伺服阀因为未得电，在油压的作用下伺服阀阀芯会产生中位偏置，从而可实现活塞杆的自动行走，对外自动加载。所以，在进行手动加载过程中，要根据实验要求将伺服控制保持启用，使液压缸通过触摸屏控制位移或载荷的方式，令活塞杆保持在确定位置。纯手动加载时，可以拔下伺服通达油管，而不必保持伺服控制启用。

四、触摸屏控制柜

触摸屏控制柜操作面板如图A-3所示，分为7个功能：

（A）参数设置与协同控制调用（用于参数设置或协同控制页面的调用）；

（B）曲线显示区（用于位移、载荷或油压的曲线显示）；

（C）阀位显示区（用于阀位开口大小的显示）；

（D）励磁按钮（控制伺服阀的开启或关闭）；

（E）模式选择（用于位移、载荷或油压模式的选择）；

（F）操作界面（各功能操作界面显示区域）；

（G）功能选择区（用于斜波、三角、正弦波显示功能的选择）。

操作步骤：

（1）操作准备

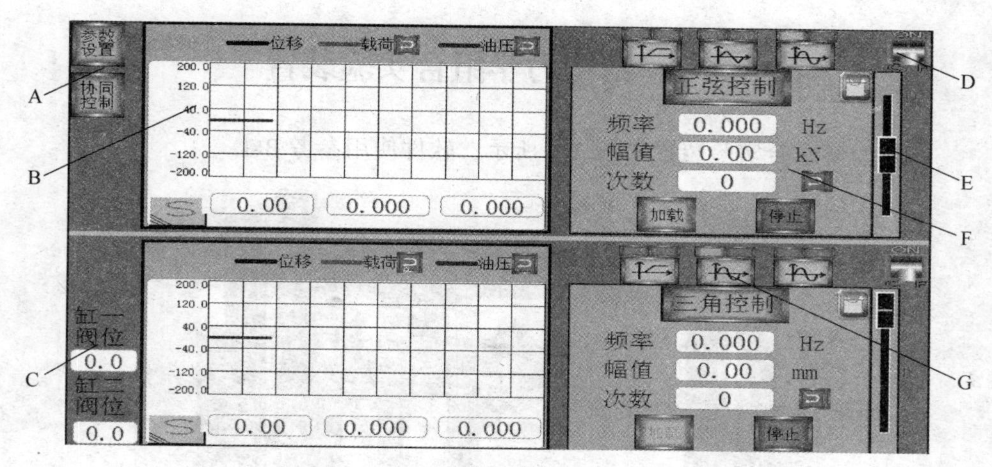

图 A-3　泵站操作面板

1）上电。接通 220V 的额定电压。

2）启动。旋出“急停开关”按钮，“电源指示”灯亮起；轻按下“伺服启停”按钮，该按钮指示灯亮起，同时触摸屏亮起，显示图 A-3 画面。

3）励磁。点击触摸屏上按钮，该按钮由变为，此时伺服阀通电。

（2）模式选择：位置（D），载荷（L），油压（P）。

（3）功能选择：

1）斜波：通过输入的时间和加载参数，控制缸体在设定时间里，由当前值加载到预定值。

2）三角：通过输入的频率（Hz）和幅值（mm），进行匀速的往复运动，零位启停；并可进行定次数控制。

3）正弦：通过输入的频率（Hz）和幅值（mm），进行变速的往复运动。

（4）加载/停止：上述三步操作完成之后，点击相应操作界面的按钮，进行加载试验。完成试验后，点击按钮，停止加载。

A-2　结构力学组合实验装置

结构力学组合实验装置如图 A-4 所示，软件使用参考 B-1。

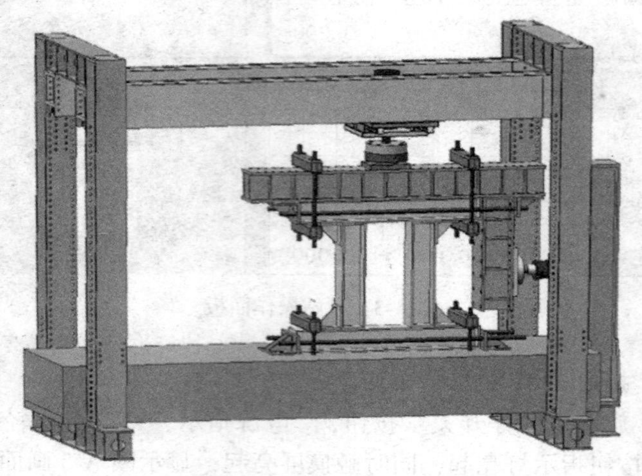

图 A-4　YJ-ⅡD-W 型结构力学组合装置

一、概述

YJ-ⅡD-W 系列结构力学组合实验装置主要服务于结构力学、钢筋混凝土、钢结构等课程的实验教学，完整的实验系统由加载架、加载设备、支承与约束装置、实验模型、数据采集分析设备、实验辅助设备等组成。

二、实验功能

提供竖向、水平加载反力的结构框架，适合 300kN 以下的结构实验。

三、结构形式

四立柱门式框架自反力结构，上下横梁各一支，立柱四支。上下横梁采用箱型钢梁制作，高度可按模数调节；工作面安装平行直线导轨，导轨上安装可任意移动的小车平台，以安装加载点及支座。移动立柱、移动竖梁可安装在下横梁的轨道上或侧面，位置任意可调，以方便进行不同类型的实验。

四、主要技术参数

整体尺寸不大于：3500×1400×2700mm，有效实验空间不小于 3500×1700×800mm；最大承载力(竖向)≥300kN，加载架设计承载力按变形控制，额定荷载下，梁挠度小于梁跨度的 0.1%。

五、主要技术特点

（1）可对宽度在 1m 以内的构件进行加载；
（2）两两可首尾相接组成大跨度加载架；
（3）软件为 YDD-1 动静态应变测试系统（详见 B-1 软件操作说明）

A-3 电液伺服拟静力结构试验加载试验系统

电液伺服拟静力结构试验加载试验系统如图 A-5 和图 A-6 所示，软件使用参考 B-3。

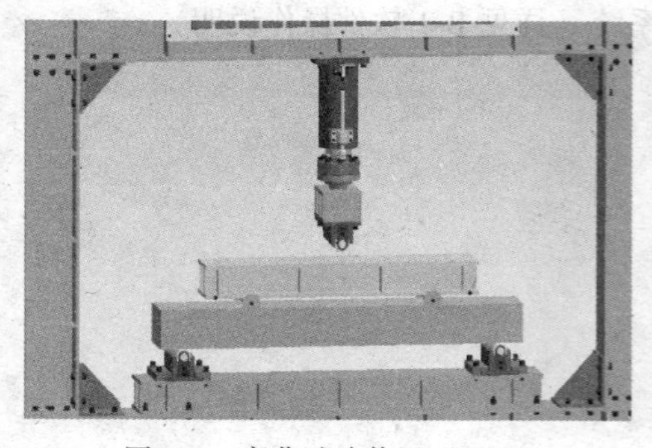

图 A-5 弯曲试验装置（100t）

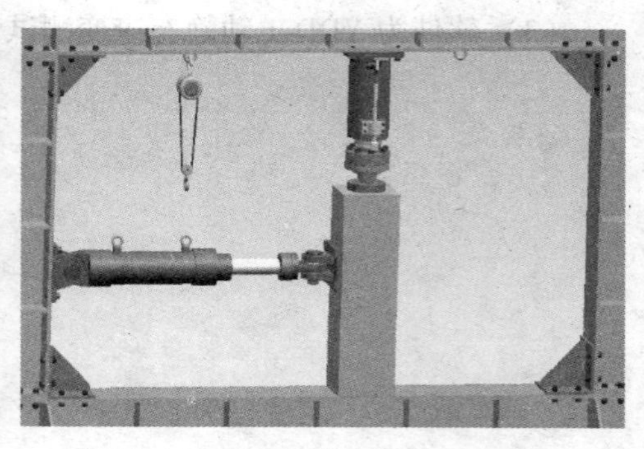

图 A-6 轴压和侧推装置（50t）

操作规程

（1）电源电压 380V；

（2）将电源连接好，所有接头连接线连好，总电源开关转到图 A-7 挡位 2 上，油源和主机带电。

（3）油源带电停止按钮灯亮（图 A-8）。

图 A-7 总电源开关图

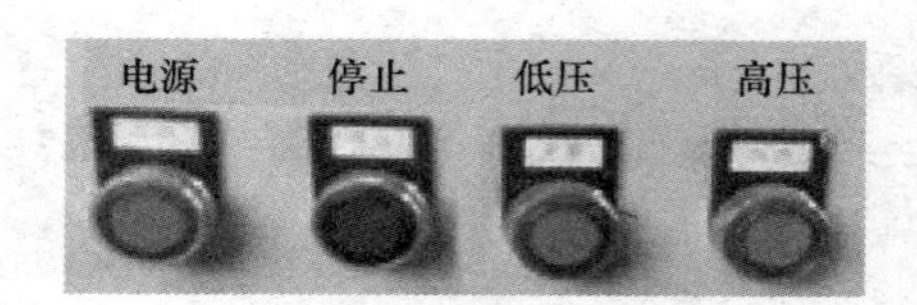

图 A-8 操作按钮

（4）按下绿色启动（电源）按钮（图 A-8），启动（电源）灯亮，油泵转动（顺时针为正转，调试完成后直接启动就可以）。如果电源线序发生变化，需要检查正反转。

（5）面板上有高压按钮和低压按钮（图 A-8），（泵启动时为低压，低压按钮灯亮）。

（6）电脑打开软件设置好参数（详见软件说明书）。

（7）将油源高压按钮按下系统为高压，高压灯亮。

（8）按照设置好的参数开始试验。

（9）试验结束，按下低压按钮，系统压力为低压。

（10）按下停止按钮，泵停止。

（11）总电源开关（图 A-7）由 2 转到 0。

A-4 YAW-2000 微机控制电液伺服压力试验机

YAW-2000 微机控制电液伺服压力试验机如图 A-9 所示。

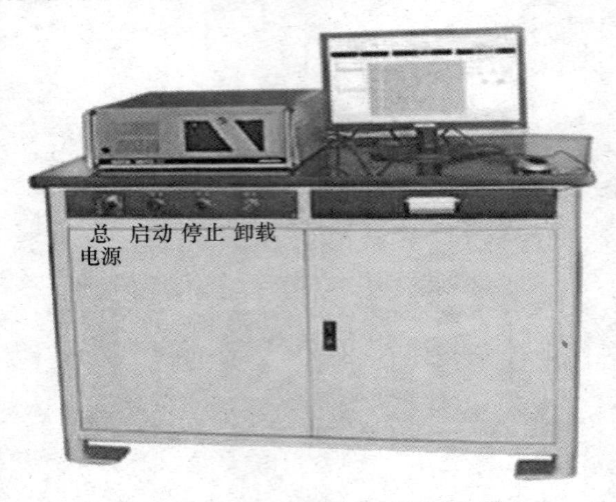

图 A-9 压力试验机的油源及主机

一、启动

(1) 电源电压 380V。

(2) 将电源连接好，所有接头连接线连好，总电源开关转到 2 上，油源和主机带电。

(3) 油源带电停止按钮灯亮。

(4) 按下启动按钮，启动灯亮，油源泵转动（顺时针为正转，调试完成后直接启动即可）。如果电源线序发生变化，需要检查正反转。

(5) 启动电脑。

二、安装试样和调整加载空间

仪器上配有操作手盒，手盒有上下按钮，按住上钮：横梁上升；按住下钮：横梁下降（图 A-10）。

(1) 安装试样时，将图 A-11 中的小车拉出；安装试样后，再把小车推回原位。

(2) 通过软件程序（详见软件说明书）将油缸升起（下压板和油缸通过圆柱销连接），下压板也随着升起（下压板与轨道平行）。下压板脱离轨道即可。

(3) 调整横梁与试样的间隙（通过横梁按钮调整）。

图 A-10　可调整上横梁

图 A-11　下承压板上的小车

三、开始试验

试验步骤详见软件说明书。

四、试验结束

（1）将油缸落回原位。通过油源卸荷按钮按住卸荷或软件卸荷都可。

（2）关闭电源（将总电源开关转到 0）。

仪器B 大型仪器设备软件使用说明

B-1 YDD-1数据采集分析系统软件操作

一、启动软件

1. 从桌面 | 开始菜单启动软件

当软件安装成功后，即自动在桌面上添加该软件的快捷方式，其名称为“YDD-1数据采集分析系统”，其图标形如。点击“开始 | 程序”，找到“YDD-1数据采集分析系统”菜单项，鼠标左击即启动该软件。其图标形如。

2. 软件界面

图B-1中显示了软件的各个不同的主要区域。以下对各工具栏进行简要介绍。

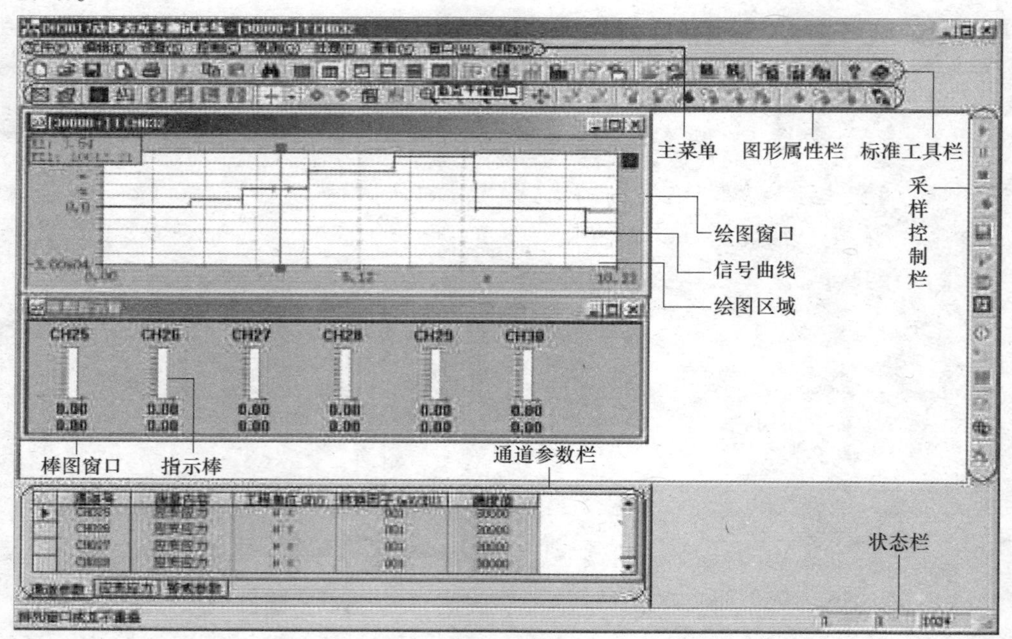

图B-1 软件界面

（1）标准工具栏。

标准工具栏的按钮和功能见图 B-2 和表 B-1。

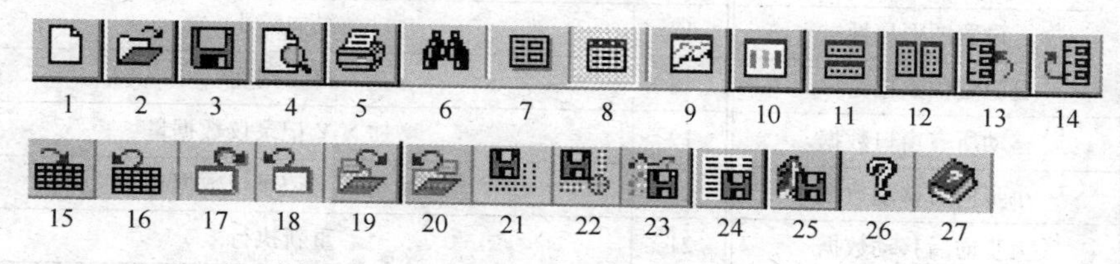

图 B-2　标准工具栏

表 B-1　标准工具栏按钮功能

1	建立一个新测试项目	15	导入通道参数
2	打开一个新测试项目	16	导出通道参数
3	保存当前测试项目	17	导入窗口布局参数文件
4	打印预览当前绘图窗口	18	导出窗口布局参数文件
5	打印当前绘图窗口	19	引入项目
6	检测仪器	20	导出项目
7	显隐系统参数栏	21	保存零点
8	显隐通道参数栏	22	保存平衡结果
9	新建一个绘图窗口	23	将当前绘图窗口中的信号曲线保存为位图文件
10	新建一个棒图窗口	24	有选择地将某些数据保存为文本文件
11	水平平铺窗口	25	有选择地将某些数据保存为 MatLab Workspace 文件
12	垂直平铺窗口	26	关于
13	导入系统参数	27	在线帮助
14	导出系统参数		

（2）图形属性栏。

图形属性栏的按钮和功能见图 B-3 和表 B-2。

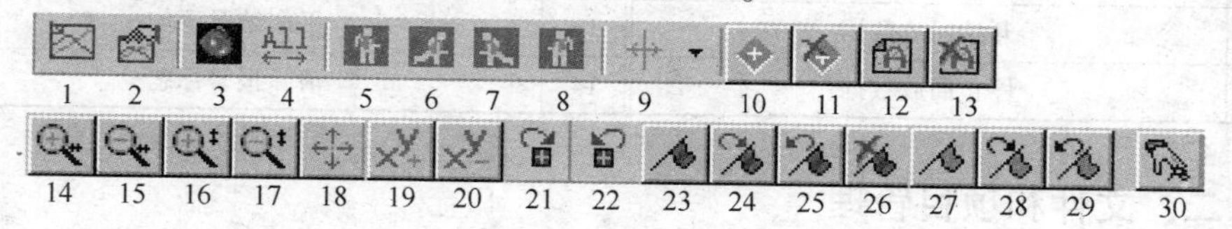

图 B-3　图形属性栏

表 B-2 图形属性栏按钮功能

1	信号选择	16	纵向放大
2	设置图形属性	17	纵向缩小
3	显隐定位数据窗口	18	自动刻度
4	移动所有窗口数据	19	增加 X-Y 记录仪数据量
5	小步向后移动数据	20	减小 X-Y 记录仪数据量
6	大步向后移动数据	21	重新执行
7	大步向前移动数据	22	撤销
8	小步向前移动数据	23	切换书签
9	光标读数的下拉式切换	24	下一书签
10	添加一个标注	25	上一书签
11	清除所有标注	26	清除书签
12	添加一个注释	27	显示标注
13	清除所有注释	28	下一标注
14	横向放大	29	上一标注
15	横向缩小	30	默认状态，即将当前活动绘图窗口中的数据移动到第一块

(3) 采样控制栏

采样控制栏的按钮和功能见图 B-4 和表 B-3。

图 B-4 采样控制栏

表 B-3 采样控制栏按钮功能

1	开始采样	8	设置回放数据的时间间隔
2	暂停采样	9	平衡所有通道
3	停止采样	10	清除所有通道的零点
4	在采样过程中为信号添加标记	11	初始化硬件
5	数据存盘	12	导入零点
6	开始回放数据	13	平衡结果下传
7	停止回放数据	14	清除报警标志

二、文件和项目管理

YDD-1 数据采集分析系统利用计算机的硬盘保存系统参数和采集的数据，在开始建立一个新的测试项目之前，有必要详细了解项目的管理方式，这样才能方便用户对采集项目进行管理和使用。

1. 项目文件夹结构

假设 YDD-1 数据采集分析系统软件安装在“C：\ DongHua \ YDD-1 \ ”目录下，每一次采集项目就默认保存在“C：\ DongHua \ YDD-1 \ Projects”下的子文件夹中。用户也可以根据需要将该应用软件建立在其他的目录下，那么采集项目就默认保存在相应的目录下的文件夹 Projects 中。本节以假设情况为例，进行整个测试过程的说明。安装目录为“C：\ DongHua \ YDD-1 \ Projects”。

在创建新测试项目时，文件夹 Projects 中的子文件夹由用户确定名称并创建。子文件夹保存本次测试项目的各项参数和数据，包括通道的参数、采样参数、图形布局参数、采集的数据和其他一些信息。

如果一个大的测量项目包括多次小的测量项目，比如说，用户要进行一次“XX 大桥 XX 测试”，该测试需要进行多次测量，则用户可以先建立一个名为“..\ XX 大桥 XX 测试”的文件夹，然后在该文件夹下建立诸如“测试 1”或“工况 1”等的小测量项目文件夹，保存实际的测量项目。这样会大大方便用户的管理和使用。

2. 各类文件含义

YDD-1 数据采集分析系统保存的主要文件类型有：

（1）数据采集项目文件：扩展名为“. d7p”；

（2）测量数据文件：扩展名为“. tim”

（3）布局参数文件：扩展名为“. lyt”；

（4）应变花文件：扩展名为“. str?”（？取值范围 1 至 6）；

（5）通道参数文件：扩展名为“. mdb”。

在一个测试项目文件夹下，采集的数据是按通道分别保存的。如果同时使用 8 个通道进行采集，则在该文件夹下将建立至少 8 个数据文件。除了各个通道的数据文件，每个测试项目还包括通道参数文件、窗口图形布局文件等其他一些文件。

一个测试项目产生的所有文件，都是根据用户所命名的项目名以及系统内部的约定，添加适当的后缀而建立的。打开一个项目时，系统会根据约定去查找相应的文件。如果用户将其中的某个文件改变了名字，则很可能无法正确打开该项目，或者无法显示某些数据，也有可能产生其他一些错误。如果用户需要改变项目名，则可以将项目另存为一个新项目，而最好不要手动去修改项目下的文件名。对于比较重要的项目，建议用户最好在采集完毕后对该项目做个备份。备份时，一定要将整个项目备份下来，不能只备份各个通道的数据。

3. 创建一个新项目

当检测到相应的仪器时，进入 YDD-1 数据采集分析系统，即处于新测试项目状态。用户可以直接执行“启动采样”命令，以系统的缺省参数立即进行采样。当然，更多的情况下，用户需要有目的地设置相关参数，创建一个新项目，以完成用户需要的测试。

这时的新测试项目还没有项目名，要等开始采样时，系统才会根据具体情况，决定是否要求用户输入项目名。

如果系统当前处于某项目状态，则用户可以选择菜单项“文件｜新建项目”，或单击工具栏上的新建按钮来建立新项目，这时用户必须在弹出的“新建项目”对话框内设置项目名（图 B-5）。

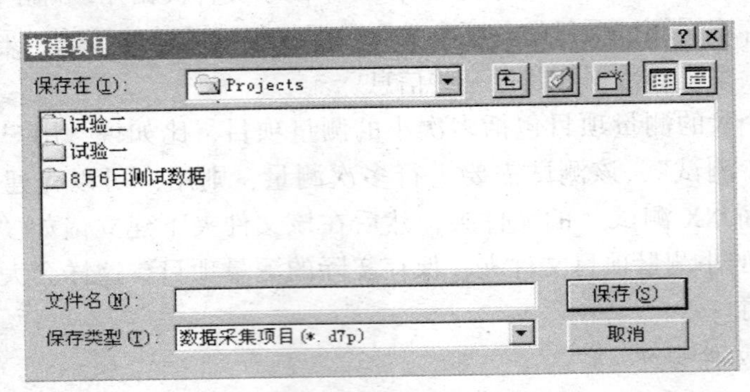

图 B-5　“新建项目”对话框

新项目保存后，如果有绘图窗口打开，程序窗口头部就显示了新项目的名称。

4. 打开一个已有项目

选择菜单项“文件｜打开项目”，或单击工具栏上的“打开”按钮，然后通过弹出的“打开项目”对话框选择所需项目（图 B-6），该测试项目包含了测试数据。用户也可以通过从“文件”菜单下的最近打开项目列表中选择某个项目，来打开最近打开过的某个项目。默认情况下，系统将以应用程序目录下面的子目录“Projects”作为要打开的项目的默认目录。

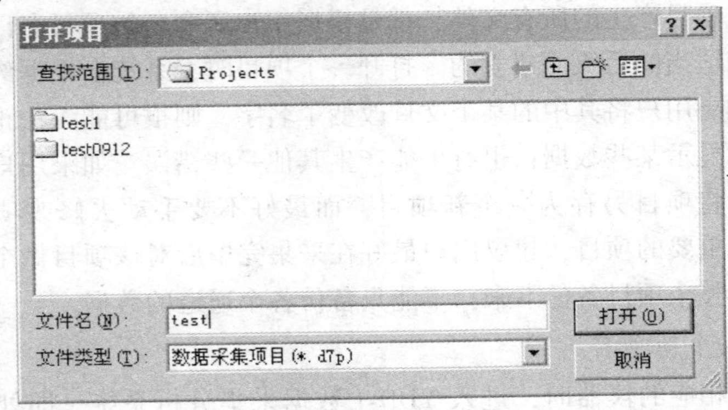

图 B-6　“打开项目”对话框

5. 保存项目

当一个测试项目完成后，可以直接保存，也可以另存项目。直接保存时，选择菜单项“文件 | 保存项目”或单击工具栏按钮。

如果用户要连续多次做相同情况的测试，则用户可以在第一次进行测试时，在设置好各项参数后，选择菜单项“文件 | 另存项目为”，即可将设置好的所有参数（包括通道参数、采样参数、图形属性等）另外保存一个副本。当再次建立相同项目时，用户就可以打开该项目副本，重新采样，用得到的新数据覆盖原数据，而无须再次一一修改各项参数。

三、创建一个新项目

本小节讲述如何创建一个新项目，以及如何设置一系列的测试参数。下一小节将讲述如何进行一个项目的测试。

使用菜单项“文件 | 新建项目”或单击工具栏按钮创建一个新项目。新项目的默认参数继承了最近一次测试的设置，在多数情况下，需要你重新设置各项参数，以便适应不同的测试要求。可进行设置的参数主要包括运行参数、采样参数、通道参数和图形属性等。同样，也可以导出一个已有项目的参数，再将此参数引入用户的新项目中，并根据需要进行适当的修改。

1. 采样参数设置

选择菜单项“设置 | 采样参数”，通过弹出的“采样参数”窗口设置采样频率和毛刺间隔（图B-7）。

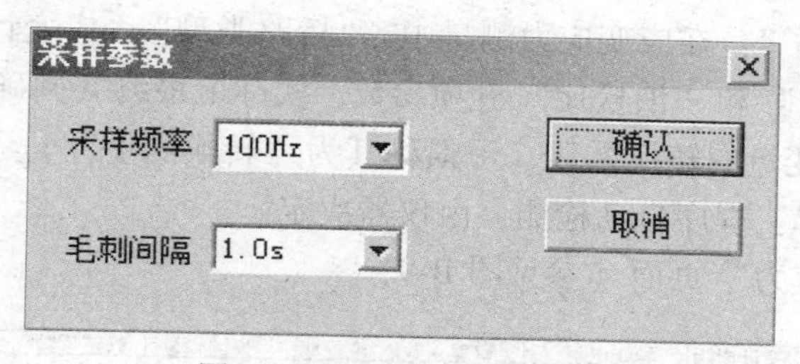

图B-7　“采样参数”窗口

（1）采样频率：采样频率即单位时间内的抽样速度，可选择的采样频率有8挡，分别为1Hz、2Hz、5Hz、10Hz、20Hz、50Hz、100Hz、200Hz。

（2）毛刺间隔：某个数据点会出现跳变，通常将这种情况称为“毛刺”。毛刺间隔指某个跳变所持续的时间。可通过设置警戒参数来监视数据跳变及跳变持续的时间是否在设定的毛刺间隔范围内。如果某次跳变的持续时间大于或等于设定的毛刺间隔，则程序认为此段“毛刺”是信号的正常变动，而不再警告提示用户。

2. 通道参数设置

“通道参数”用来控制各个通道的数据采集。选择菜单项“查看 | 通道参数栏”，或点击工具栏上的“显示或隐藏通道参数栏”按钮，即可打开或关闭如图 B-8 所示的“通道参数栏”。它一般位于程序主窗口的最下部。

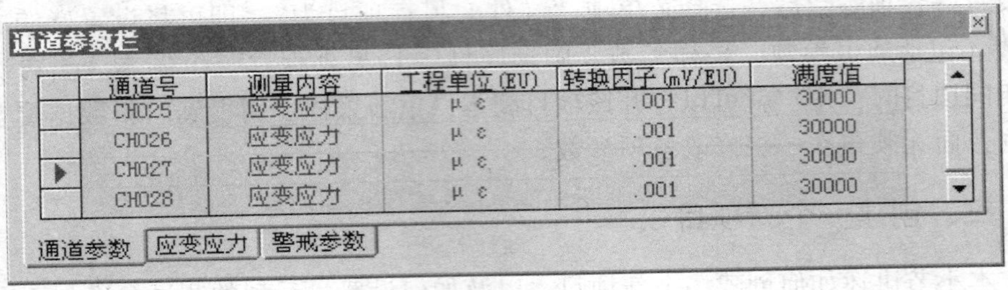

通道参数栏

通道号	测量内容	工程单位(EU)	转换因子(mV/EU)	满度值
CH025	应变应力	μ ε	.001	30000
CH026	应变应力	μ ε	.001	30000
CH027	应变应力	μ ε	.001	30000
CH028	应变应力	μ ε	.001	30000

通道参数　应变应力　警戒参数

图 B-8　“通道参数栏”

通道参数栏包含的设置页面，分别为“通道参数”“应变应力”“警戒参数”等。只要点击所需页面名称处，即可显示该页面中的各项参数。其中每一行表示一个通道。

(1)“通道参数栏”页面（参见图 B-8）

1)“通道号”：由程序自动生成，如“CH027”指第 27 通道。

2)“测量内容”：可选择应变应力、数采的测量类型。

3)“工程单位”：是指将电量转换为某种工程量，由用户设置，默认值为 $\mu\varepsilon$。

4)“转换因子”：在应变应力测量中，“桥路类型”“应变计电阻”“导线电阻”“灵敏度系数”和“泊松比”五项参数，实际上最终共同确定一个参数，那就是电压量到应变量的转换系数（习惯称其为“转换因子”）。

5)“满度值”：程序自动检测，由仪器决定。

(2)“应变应力”页面（参见图 B-9）

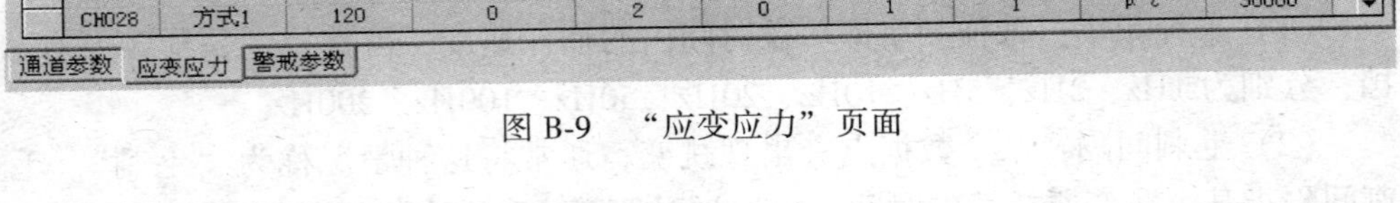

通道号	桥路类型	应变计电阻	导线电阻	灵敏度系数	泊松比	弹性模量	修正系数	工程单位	满度值
CH025	方式1	120	0	2	0	1	1	μ ε	30000
CH026	方式1	120	0	2	0	1	1	μ ε	30000
CH027	方式1	120	0	2	0	1	1	μ ε	30000
CH028	方式1	120	0	2	0	1	1	μ ε	30000

通道参数　应变应力　警戒参数

图 B-9　“应变应力”页面

1)“通道号”：说明同通道参数页面。

2)“桥路类型”：分为 6 类（参见“九、附件”中表 B-5），根据实际的应变计连接方式确定，不同的连接方法应用于不同的场合。

3）“应变计电阻”：由用户设置，默认值为120。应变计电阻应参照应变计的说明书等资料。

4）“导线电阻”：由用户设置，默认值为0。

5）“灵敏度系数”：由用户设置，默认值为2。

6）“泊松比”：由用户设置，默认值为0.28。“桥路类型”“应变计电阻”“导线电阻”“灵敏度系数”和“泊松比”五项参数主要用来修正应变测试的各种误差。

7）“弹性模量”：是应变量到应力量的转换系数，默认值为1。

8）“修正系数”：由用户设置，默认值为1。

9）“工程单位”：说明同通道参数页面。

10）“满度值”：说明同通道参数页面。

（3）“警戒参数”页面。警戒参数是指用来进行监控的一些参数，参见图B-10。

	通道号	参加警戒	突变增量(EU)	警戒上限(EU)
▶	CH025	是	100	1000
	CH026	是	100	1000
	CH027	是	100	1000
	CH028	是	100	1000

通道参数　应变应力　警戒参数

图B-10　“警戒参数”页面

1）“通道号”：说明同通道参数页面。

2）“参加警戒”：指通道是否参加警戒。

3）“突变增量”：指通道的信号出现多大的增量（即相邻信号之间的幅值出现多大的差值时）进行报警。参见采样参数设置中的毛刺间隔及棒图窗口设置部分。

4）“警戒上限”：指通道的信号值超出多少值时进行报警。

3. 设置数据采集环境

（1）进入测试环境。按要求连接测试线路，确认无误后，打开仪器电源及计算机电源，双击桌面上的快捷图标，提示检测到采集设备→确定→进入如图B-11所示的测试环境。

（2）设置测试参数。测试参数是联系被测物理量与实测电信号的纽带，正确设置合理的测试参数，是得到正确数据的前提。测试参数由系统参数、通道参数及窗口参数三部分组成。其中，系统参数包括测试方式、采样频率、报警参数及实时压缩时间等；通道参数反映被测工程量与实测电信号之间的转换关系，由测量内容、转换因子及满度值等组成；窗口是指为了在实验中显示及实验完成后

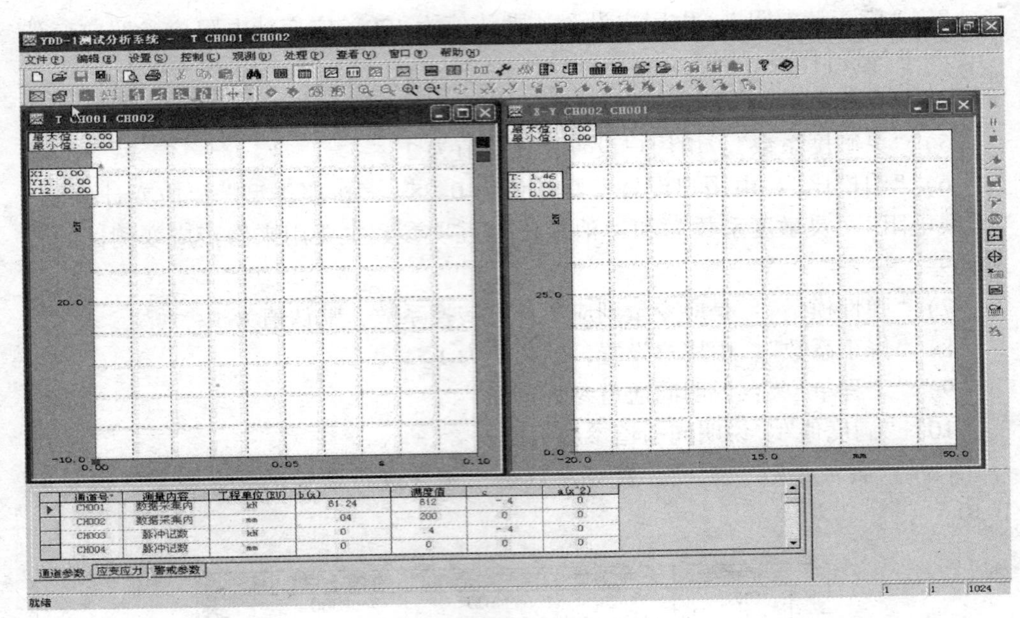

图 B-11　数据采集分析环境

分析数据而设置的曲线窗口，曲线分为实时曲线及 X-Y 函数曲线两种。

检测到仪器后，系统将自动给出上一次实验的测试环境。

1）第一项　通道参数

通道参数位于采集环境的底部，反映被测工程量与实测电信号之间的转换关系，由通道号、测量内容、工程单位、转换因子及满度值组成。

①通道号：与测试分析系统的通道一一对应。

②测量内容：由被测电信号的类型决定，由数据采集内（电压测量）、应力应变、脉冲计数等组成。

③工程单位：被测物理量的工程单位。

④转换因子：转换因子由 a、b、c 三个系数组成，其与被测物理量（Y）及传感器输出的电压（X，单位 mV）有如下的关系：

$$Y = 2aX + bX + c \tag{B-1}$$

需要说明的是：由于试验装置所采用的传感器类型并不相同，及同一类型的传感器个体之间存在差异，不同传感器的转换因子并不相同。如当通过拉、压力传感器直接测量试件所受的荷载时，只需选择修正比例系数 b 即可，且拉、压实验具有相同的系数。

因此，在输入相关系数时，一定要确保数据的正确性。

例如：电压测量：转换因子 a，b，c 三个系数的设置，是根据式（B-1）计算得到的。一般认为被测物理量与传感器的输出电压是过零点的线性关系，故式（B-1）就简化为：

$$Y = bX \tag{B-2}$$

根据式（B-2）可以计算出不同传感器类型的比例系数 b；

BK-4 拉压力传感器比例系数 b 的设置：传感器量程 20t，灵敏度系数 2mV/V；

$Y=20(\text{t})\times1000(\text{kg})\times9.8\div1000=196\text{kN}$

$X=2(\text{mV/V})\times2(\text{V})=4(\text{mV})$

$b=Y\div X=196(\text{kN})\div4(\text{mV})=49(\text{kN/mV})$

YHD-100 位移传感器比例系数 b 的设置：传感器量程 100mm，灵敏度系数 200μV/mm；

$Y=100(\text{mm})$

$X=200(\mu\text{V/mm})\times100(\text{mm})\div1000=20(\text{mV})$

$b=Y\div X=100(\text{mm})\div20(\text{mV})=5(\text{mm/mV})$

WBD-50B 机电百分表比例系数 b 的设置：传感器量程 50mm，灵敏度系数 100μV/mm；

$Y=50(\text{mm})$

$X=100(\mu\text{V/mm})\times50(\text{mm})\div1000=5(\text{mV})$

$b=Y\div X=50(\text{mm})\div5(\text{mV})=10(\text{mm/mV})$

⑤满度值：即通道的量程，每一通道均有不同的量程，需选择与被测信号相匹配的量程。荷载通道的量程为 2.5/10mV，变形通道的量程为 5000mV。需要注意的是，满度值通常显示工程单位的满度值，即满度值受修正系数的影响。

2）第二项　采样参数

“采样参数”存放在菜单栏中的“设置”下拉菜单中，包括测试方式、采样频率及实时压缩时间等。

单击“设置”，选择采样参数（图 B-12）。其中测试方式包括拉压测试和扭转测试两种方式，拉压测试方式采用定时采样的方式，采样频率即为其记录数据的频率；扭转测试是以脉冲触发的方式记录数据，采样频率为其判断脉冲有无的频率。

3）第三项　窗口参数

窗口是指为了在实验中显示及实验完成后分析数据而设置的曲线窗口，位于整个数据采集分析环境的中部。曲线分为实时曲线及 X-Y 函数曲线两种，每个实时曲线窗口可显示四条实时曲线，每个 X-Y 函数曲线窗口可显示两条 X-Y 函数曲线。在拉伸实验中，主要应用 X-Y 函数曲线窗口及实时曲线窗口，X-Y 函数曲线窗口用以观测试件所受力与变形的关系，即 F-ΔL 关系曲线；实时曲线窗口以时

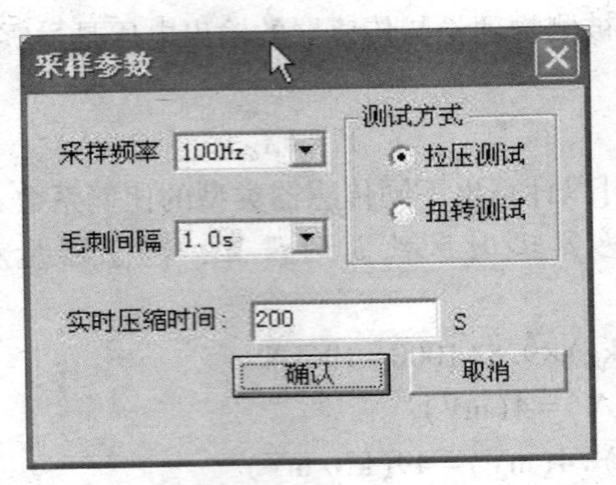

图 B-12 采样参数

间为横坐标，实时显示 1024 个数据。

窗口参数的设置包括窗口的新建、关闭、排列、绘图方式、图例、曲线颜色、文字颜色、统计信息、坐标等，各参数的选择可通过菜单栏或按相应的快捷键进入。拉伸试验可以开设两个数据窗口，左窗口显示力、变形实时曲线，右窗口显示力、变形的 *X-Y* 曲线，并设定好窗口的其他参数如坐标等。

设置坐标参数时，需对被测试件的极限承载力及变形进行预估，这样可以得到较好的图形比例。对于直径为 10mm 的低碳钢（Q235）试件，计算其极限承载力不超过 45kN，变形不超过 50mm，故设置其纵横坐标的上限均为 50kN（mm）；考虑到初始零点并非绝对零值，故将其坐标的下限设置成一较小的负值。实际上，在数据采集的过程中可以随时在不中断数据采集的前提下进行窗口参数的修改。但在实验前对所采数据进行相应的判断并设置较为合理的窗口，还是很有必要的。

对比当前各参数与实际的测试内容是否相符，若相符，则进入“数据预采集”；如不符，则应选择正确的参数，或通过引入项目的方式引入所需要的测试环境。具体操作为：打开“文件”选择“引入项目”，引入所需要的采集环境。

（3）数据预采集

1）采集设备满度值对应检查

检查采集设备各通道显示的满度值是否与通道参数的设定值相一致，如不一致，需进行初始化硬件操作：单击菜单栏中的“控制”，选择“初始化硬件”，就可以实现采集设备满度值与通道参数设置满度值相一致。

2）数据平衡、清零

单击菜单栏中的“控制”，选择“平衡”，对各通道的初始值进行硬件平衡，可使所采集到的数据接近于零；然后，单击菜单栏中的“控制”，选择“清除零点”。“清除零点”为软件置零，可将平衡后的残余零点清除。此时若信号有无法平衡提示，说明通道的初始值过大。对于平衡前有过载指示，平衡后指示消失的情形，说明仪器本身记忆的初始平衡值过大，属正常情况。

3）启动采样

单击菜单栏中的“控制”，选择“启动采样”，选择好数据存储的目录，便进入相应的采集环境，采集到相应的零点数据。此时从实时曲线窗口内便可以读到相应的测量信号的零点数据，证明采集设备正常工作。单击菜单栏中的“控制”，选择“停止采样”停止采集数据，并分析所采集的数据，确认所设置各参数的正确性。

这样就完成了数据采集环境的设置。

4. 图形属性设置

（1）绘图窗口中的“图形属性”对话框。绘图窗口中的信号曲线增多，可通过设置其图形属性来便于观测不同信号。具体操作方法：在绘图窗口打开的情况下，选择菜单项“设置 | 图形属性”，或在绘图窗口内点击鼠标右键选择弹出菜单中的“图形属性”，或点击工具栏上的按钮，即可打开“图形属性”对话框（图 B-13）。共包括“颜色”“字体”“线形”“选项”和“坐标”5 个页面。只要点击所需页面名称处，即可通过页面进行设置。

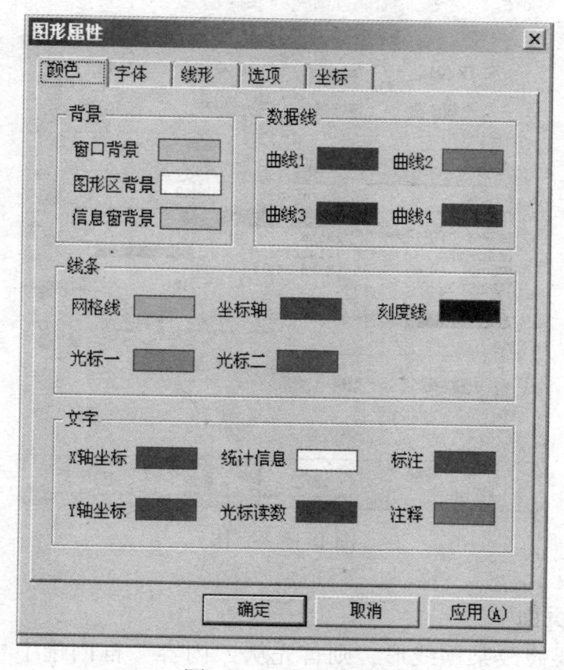

图 B-13　图形属性

1）“颜色”页面

如果要修改某项颜色，只要在该项颜色显示区上单击鼠标左键，然后从弹出的“颜色”选择对话框内选择相应的颜色即可。在图 B-14 中，点击“确定”，在关闭该对话框后即可应用所选择的颜色效果；点击“取消”，将放弃对颜色所做的修改；点击“应用”，将马上在屏幕上显示修改后的效果。

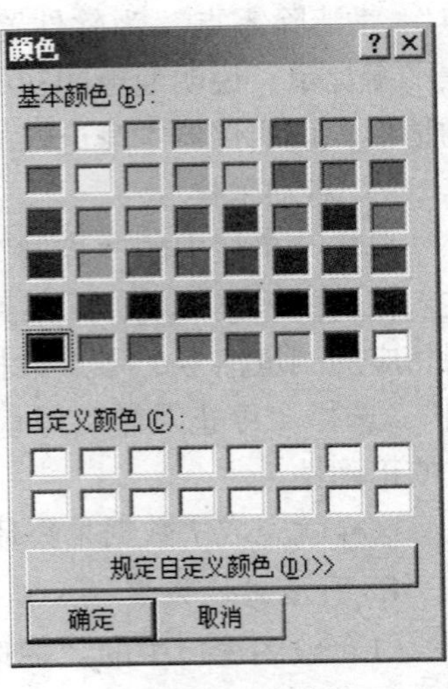

图 B-14 颜色

2）“字体”页面

如果用户想要修改某项字体，则首先从“内容”框内选中相应的项，图 B-15 选中的是 X 轴坐标，则该项字体的各项参数即在下面的字体参数内容中显示出来，字体的示例在“示例”框内加以显示。然后，用户只要选择相应的“字体”“样式”“大小”等参数内容，点击“确定”，在关闭该对话框后即可应用所选择的字体效果；点击“取消”，将放弃对字体所做的修改；点击“应用”，将马上在屏幕上显示修改后的效果。

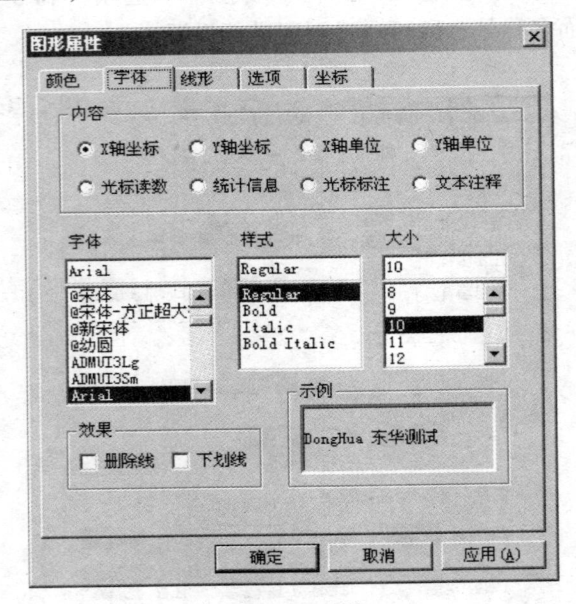

图 B-15 字体

3）“线形”页面

如果用户想要修改某项线形，则首先从“内容”框内选中相应的项，图B-16中选中的是曲线一，则该项线形的“样式”和“宽度”两项参数即在下面的参数框内显示出来，线形的示例在“示例”框内加以显示。然后，用户只要修改相应的样式或宽度，点击“应用”和“确定”，在关闭该对话框后即可应用所选择的线形效果；点击“取消”，将放弃对线形所做的修改；点击“应用”，将马上在屏幕上显示修改后的效果。

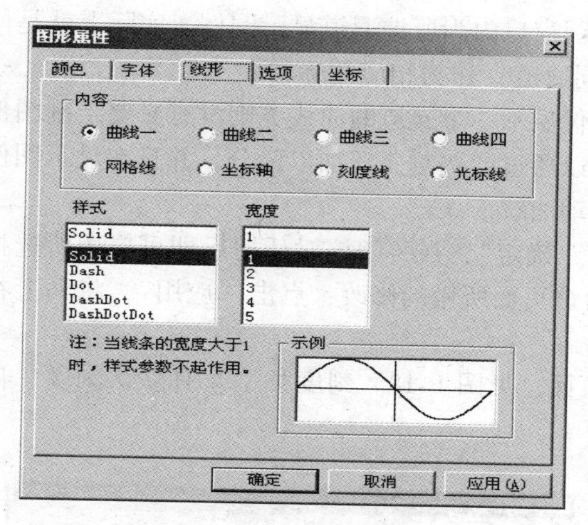

图 B-16

如图 B-16 中注释所说，当曲线的宽度被设置成大于 1 的时候，样式参数是不起作用的，样式始终为“Solid”，即实线。

4）“选项”页面，如图 B-17 所示。

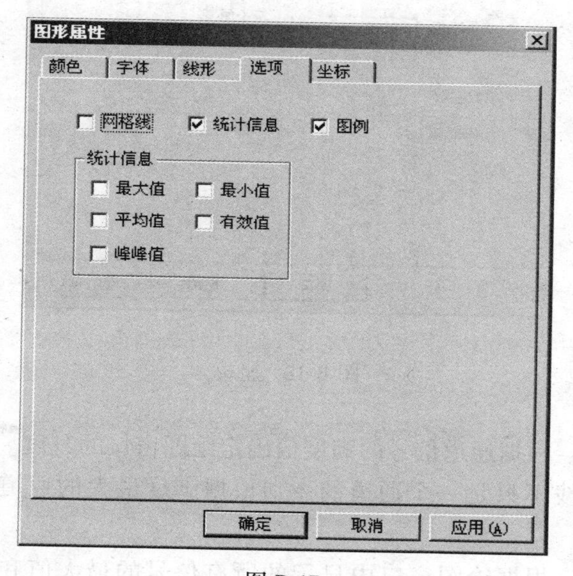

图 B-17

①网格线：是否在绘图区域内绘制网格线。

②统计信息：指对当前窗口内的数据进行统计，并显示选中的一项或几项信息，可选项有最大值、最小值、平均值、有效值、峰峰值。可参考统计信息内容。

③图例：在绘图窗口内为所选通道显示图例，实际上就是使用各个曲线颜色（不同曲线代表不同通道）作为相应的标志。

如果窗口内仅仅显示一个通道的曲线，则没有必要绘制图例；如果显示的通道多于一个，则可以通过图例对曲线加以区分，并且在显示图例的情况下，通过图例来切换当前活动曲线。

在该页面点击“确定”，在关闭该对话框后即可应用所选择的功能项，点击“取消”，将放弃对该页面所做的修改；点击“应用”，将马上在屏幕上显示修改后的效果。

5）“坐标”页面，见图 B-18。刻度类型共有默认刻度、自动刻度和固定刻度三种。

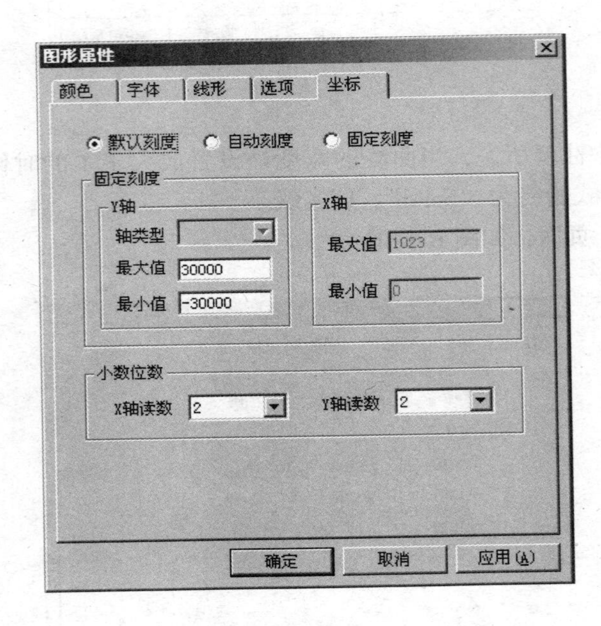

图 B-18　坐标

①默认刻度：根据通道信号的满度值确定绘图窗口的刻度。如果同一个绘图窗口内显示的曲线不只是一个通道的，则根据满度最大的通道的满度值来确定刻度。

②自动刻度：根据绘图窗口内显示的所有信号的最大值和最小值来确定刻

度。也可通过菜单项“设置 | 自动刻度”或工具栏按钮来运用。

③固定刻度：指由用户来确定刻度的最大和最小值。如果绘图方式为 *X*-*Y* 记录方式，则可以设置 *X* 轴的刻度，否则只可设置 *Y* 轴的刻度。

④小数位数：指小数点后数据的位数，如横坐标刻度、光标读数等。

在该页面点击“确定”，在关闭该对话框后即可应用所修改的功能项；点击“取消”，将放弃对该页面所做的修改；点击“应用”，将马上在屏幕上显示修改后的效果。

（2）棒图窗口中的“图形属性”对话框。同普通的绘图窗口一样，棒图窗口也有图形属性，通过设置图形属性，用户可以搭配出自己喜欢的，易于观测的界面，（有关棒图窗口请参见“棒图窗口”）。具体操作方法为：在棒图窗口打开的情况下，选择菜单项“设置 | 图形属性”，或在棒图窗口内点击鼠标右键选择弹出菜单中的“图形属性”，或点击工具栏上的按钮，即可打开“图形属性”对话框（图 B-19）。

如果要修改某项颜色，只要在该项颜色显示区上单击鼠标左键，然后从弹出的“颜色”选择对话框内选择相应的颜色即可。在图 B-20 中，点击“确定”，在关闭该对话框后，即可应用所选择的颜色效果；点击“取消”，将放弃对颜色所做的修改；点击“应用”，将马上在屏幕上显示修改后的效果。

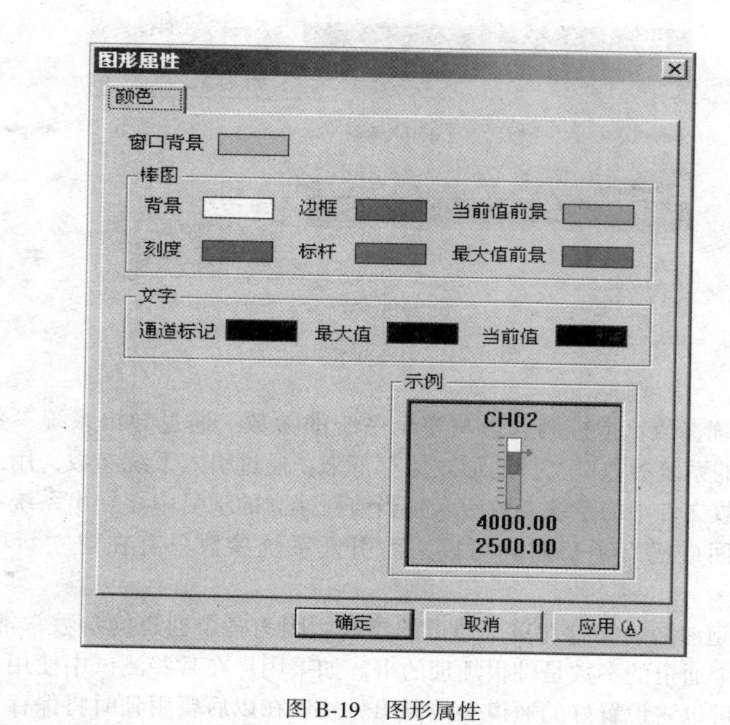

图 B-19 图形属性

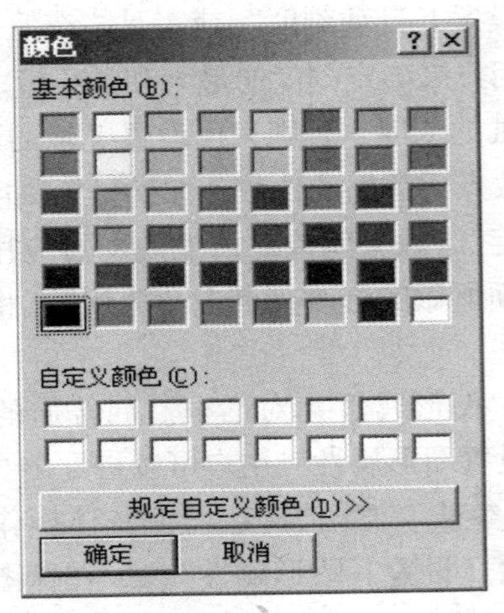

图 B-20　颜色

5. 引入和导出参数

使用引入参数和导出参数，在较复杂而又有相同之处的测试项目中，可以大大加快参数设置，节省时间。在软件中，有三种参数可以引入和导出，如图 B-21 所示。

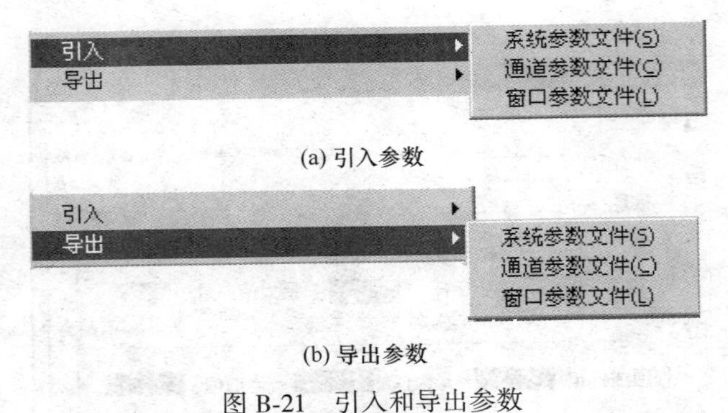

图 B-21　引入和导出参数

（1）系统参数：指控制和影响整个系统的参数。通过导出系统参数，用户可以将项目的系统参数以文件的形式保存下来；通过引入系统参数，用户可以将某个系统参数文件中的系统参数引入到当前新建立的项目中。导出系统参数在建立新项目或回放已有项目时均可以，而引入系统参数只有在建立新项目时才可以。

（2）通道参数：指针对单个通道的参数，因为各个通道的参数常常不一样，所以设置各个通道的参数是件很烦琐的事。如果用户在某些测试中使用相同的通道参数，则可以将设置好的通道参数导出，然后在以后要用到时将保存下来的通道参数引入。注意，在引入通道参数后，必须点击工具栏按钮“初始化硬件”，才能将新的参数通知给仪器，也可使用运行参数中的“通道自动发码”功能。

（3）窗口参数：指关于绘图窗口个数、各个窗口的布局、各个窗口内显示的内容和窗口的图形属性的参数。对于某一次测量，用户常常需要建立几个绘图窗口，设置各个窗口所显示的通道，还要调整有关的一些参数，如果在以后的测试中，用户还经常需要用到与当前测试界面相同的界面，则用户可以将当前的窗口参数导出，然后在以后建立新的测试项目时，将该参数引入，则系统会根据引入的参数自动搭配出相应的界面；如果某些参数在当前状态下不合理，则系统会自动加以调整。

6. 工程单位的添加与删除

选择菜单项“设置 | 工程单位”，即弹出如图 B-22 所示窗口。点击“添加”按钮，将在最后一行添加一新的工程单位。

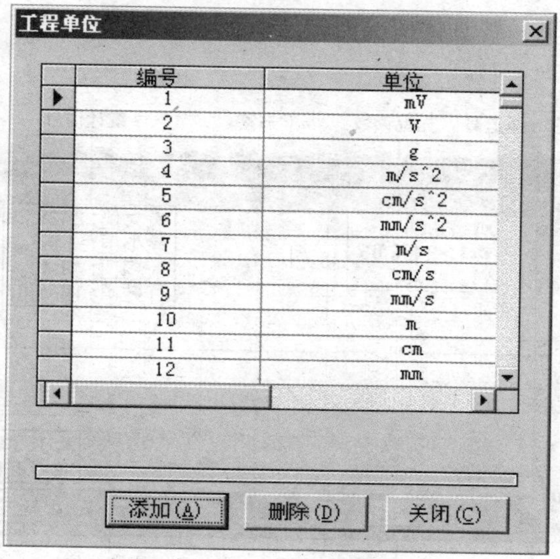

工程单位

编号	单位
1	mV
2	V
3	g
4	m/s^2
5	cm/s^2
6	mm/s^2
7	m/s
8	cm/s
9	mm/s
10	m
11	cm
12	mm

添加(A)　删除(D)　关闭(C)

图 B-22　工程单位窗口

默认的工程名称为“Unit??”,?? 即编号，用鼠标左键双击它，即可在弹出的输入框内填写用户所需的工程单位名称，在输入框之外的列表中单击鼠标左键，即可应用新的工程单位名称。

点击“删除”按钮，将删除当前所选中的工程单位一行（即黑色箭头所指示的一行）。

最后，选择“确定”，将所做的修改应用于当前测试；选择“取消”，将放弃所做的任何修改。

四、运行一个测试项目

本节介绍如何运行一个测试项目进行数据采集和实时观测，与之相关的主要菜单有“控制”和“观测”，以及“采样控制”工具栏。一般的操作步骤是先设置采样参数、通道参数，再打开进行观测的绘图窗口或棒图窗口，选择要观测的通道信号；然后进行数据采集，在采集过程中进行其他操作；最后结束采样，保存数据，分析数据。参数设置前面已介绍过，这里从绘图窗口开始介绍。

（一）绘图窗口

1. 新建绘图窗口

选择菜单项“窗口 | 新建窗口”，或单击工具栏按钮，就可以建立一个新的绘图窗口。新绘图窗口是以默认的普通绘图方式绘制，如图 B-23 所示，窗口内的某些内容的有无，视具体情况而定。

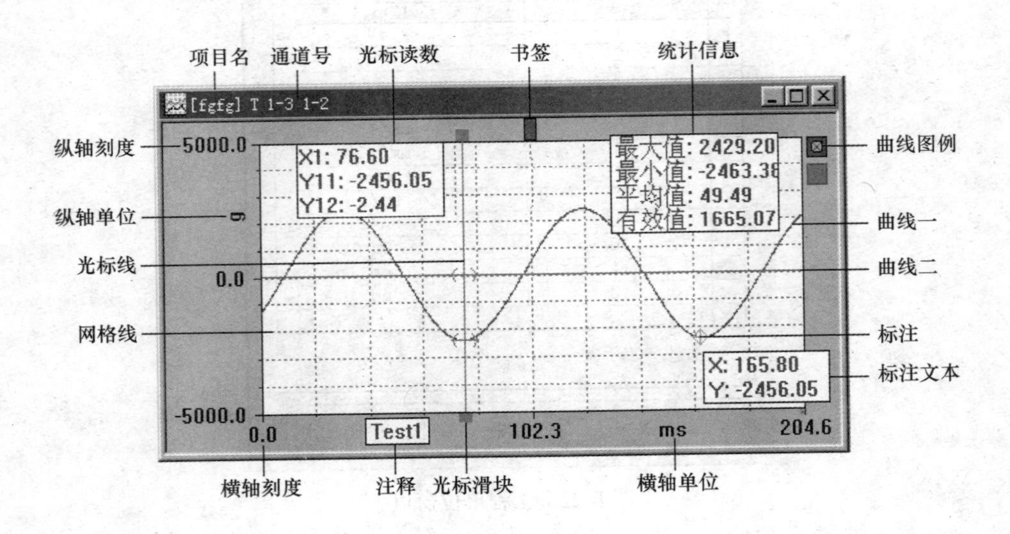

图 B-23　绘图窗口

在建立新窗口时，系统会根据用户最后一次为绘图窗口设置过的图形属性作为该窗口的默认属性，但用户也可以通过图形属性设置来加以改变。

2. 绘图窗口中的“图形属性”

新建一个绘图窗口的同时，系统会为该窗口设置一个默认的显示通道。如果该通道不是用户希望该窗口要显示的，则可以通过“信号选择”来选择显示通道。

该版本软件的每个绘图窗口最多可以绘制四个通道的信号曲线，最多可以建立8个绘图窗口。窗口内显示的数据量是固定的，信号曲线的显示比例会随窗口大小自动调整。观察窗口标题栏的变化，显示当前选择的通道号。

3. 信号选择

在至少有一个绘图窗口打开的情况下，选择菜单项“设置 | 信号选择”，或单击工具栏上的按钮，或在绘图窗口内单击鼠标右键并选择快捷菜单中的“信号选择”，就可以弹出如图B-24所示的显示信号选择窗口。

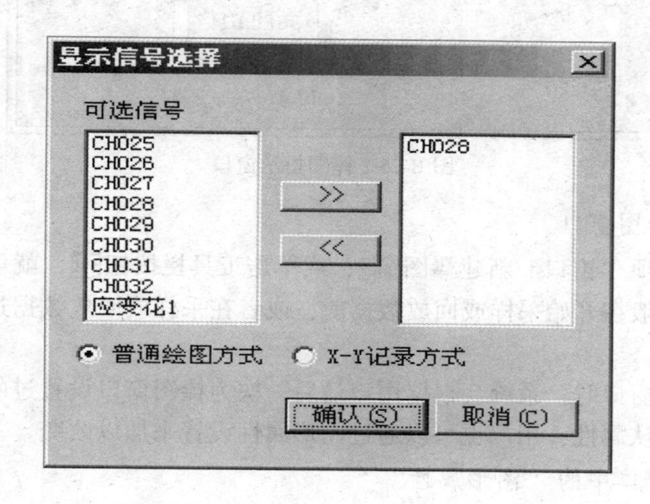

图B-24　显示信号选择窗口

在“可选信号”列表中直接双击某信号，即可将选中的信号添加到“已选信号”列表中；在“已选信号”列表中直接双击某信号，即可将选中的信号从“已选信号”列表中删除；最后，点击“确定”按钮，就立即应用在“信号选择”窗口内所做的更改；而点击“取消”按钮，就可放弃所做的更改。

信号显示有“普通绘图方式”和“*X-Y*记录方式”可选用。

（1）选择“普通绘图方式”，则在“已选信号”内最多可以选择四个信号，这四个信号按照从上到下的顺序在绘图窗口中分别被表示为曲线1至曲线4。参见“设置活动曲线”。

（2）选择“*X-Y*记录方式”，则“已选信号”内最多可以选择四个信号，即最多可在绘图窗口内绘制两组曲线。“已选信号”列表中的通道从上往下按照两个为一对，分别作为*X-Y*记录方式下的*X*和*Y*，绘制一组曲线。

（二）棒图窗口

采样过程中（或回放数据过程中），用户除了可以通过普通绘图窗口显示数据曲线外，还可以通过创建另外一种类型的窗口，即棒图指示窗口，也就是以条形棒的形式显示采集的数据的窗口。当打开棒图窗口时，软件即自动转到无分析模式下。图 B-25 中显示了 4 个通道的棒图窗口（其中通道 1、2、4 没有输入信号，只有通道 3 输入信号）。

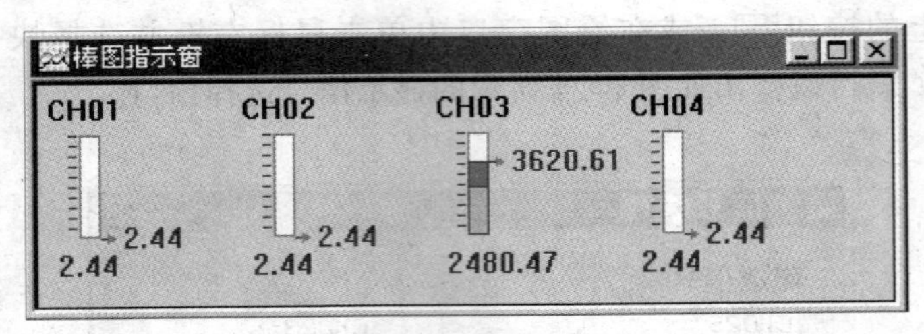

图 B-25　棒图指示窗口

1. 新建棒图窗口

选择菜单项“窗口 | 新建棒图窗”，或单击工具栏按钮，就可以创建棒图显示窗口。一般在开始采样或回放数据前，或者在采样或回放数据过程中建立棒图显示窗口。

在建立新窗口时，系统会根据用户最后一次为棒图窗口设置过的图形属性作为该窗口的默认属性，用户也可以通过图形属性设置来加以改变。

2. 棒图窗口中的“图形属性”

创建新的棒图窗口时，默认情况下显示并自动排列所有的通道。如果通道数超过 32 个，则显示前 32 个通道。用户可以根据需要改变显示的通道，但不可以改变通道的排列顺序。

在该版本软件中，每个棒图窗口可以显示 32 个通道的信号，最多可以建立 4 个棒图显示窗口。窗口内每个棒图的大小是固定的，棒图大小不会随窗口大小自动调整，但棒图的排列（每行显示几个棒图）会随窗口大小的改变而自动改变。

3. 信号选择

在至少有一个棒图窗口打开的情况下，选择菜单项“设置 | 信号选择”，或单击工具栏上的按钮，或在棒图窗口内单击鼠标右键并选择弹出菜单中的“信号选择”，就可以弹出如图 B-26 所示的信号选择窗口。

信号选择的操作方法是，在“可选信号”列表中选中某个信号，然后点击“>>”按钮，或者直接双击该信号，即可将选中的信号添加到“已选信号”列表中。

信号删除的操作方法是，在“已选信号”列表中选中某个信号，然后点击

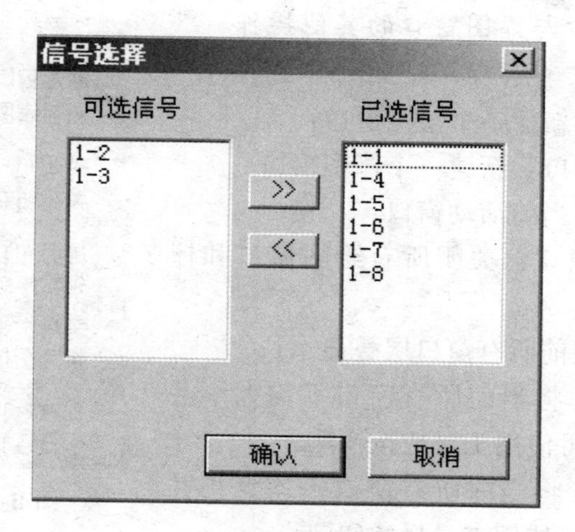

图 B-26 信号选择窗口

“<<”按钮，或者直接双击该信号，即可将选中的信号从“已选信号”列表中删除。

最后，点击“确定”按钮，就立即应用在“信号选择”窗口内所做的更改；而点击“取消”按钮，就可放弃所做的更改。

4. 棒图的特点

采样过程中，棒图数据根据在图形属性中设置的频率刷新。考虑到棒图显示的主要功能（主要功能是观测信号在幅值上的变化情况），为了简便，刷新时的数据采用当前时间点的数据，因为实际采集的信号一般应为逐渐增大或衰减的信号，不会频繁发生跳跃性的变化。如果信号是频繁跳跃的信号，一般不适宜以棒图方式来显示。所以，一个时间点的数据，基本可以代表其前面很短一段时间内信号的情况。

棒图窗口只有在采样或回放数据过程中才有实际用途，比如进行数据报警。若设置了警戒参数和毛刺间隔，如果采样过程中出现毛刺，棒图中将以反“Z”形进行标志报警。用户可根据实际情况，决定是否要清除此报警标志，只需点击工具栏按钮 “清除报警标志”即可清除。

用户可以在开始采样或回放数据前建立棒图窗口，也可以在采样或回放数据过程中建立棒图显示窗口。采样结束后，通常情况下棒图窗口会自动关闭。为了更好地观测采样过程中各个通道的信号，用户可以同时以曲线方式和棒图方式来显示采集信号。

在打印时，如果屏幕上有棒图窗口存在，则棒图窗口不会被打印，但棒图窗口可能会影响普通的绘图窗口的相对位置与被打印时的大小。所以，进行打印前，如果有棒图窗口，最好将其关闭。

（三）绘图窗口与棒图窗口的其他操作

主菜单“窗口”的子菜单项如图 B-27 所示。

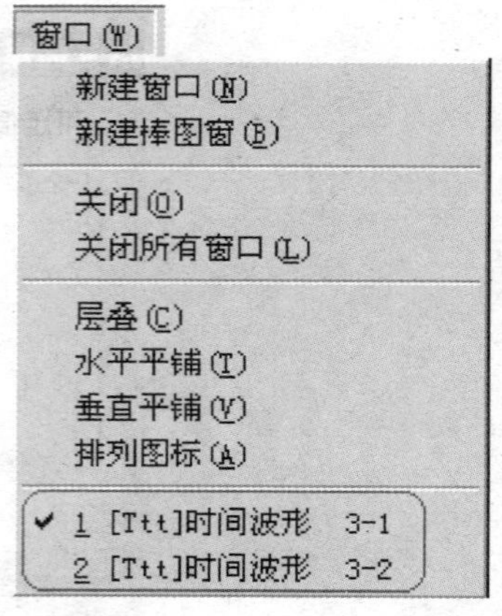

图 B-27　窗口菜单

1）新建窗口：新建一个绘图窗口；

2）新建棒图窗口：新建一个棒图窗口；

3）关闭：关闭当前活动窗口；

4）关闭所有窗口：关闭所有绘图窗口和棒图窗口；

5）层叠：将当前所有窗口层叠显示；

6）水平平铺：将当前所有窗口平均大小并自上而下显示，也可使用工具栏按钮；

7）垂直平铺：将当前所有窗口平均大小并自左而右显示，也可使用工具栏按钮。

蓝色圆角矩形框（图下部）中显示的是当前所有窗口，包括绘图窗口、棒图窗口；前面打钩的是当前活动窗口。

（四）采样前的准备

当测试仪器连接正常，YDD-1 数据采集分析系统软件中各项参数设置正确，才可以进行数据采集的以下各项操作，否则会发生错误。

（1）平衡与清零。在设置完通道参数，正式开始采样前，一般需要对通道（主要是进行应变应力测量的通道）进行平衡。对通道进行了平衡以后，通道可能还存在一个很小的零点，用户可以通过清零操作来扣除该零点。有些时候，即使没有进行平衡，用户可能希望将采样开始前（一般为没有加载的情况）的某些通道的初始值作为零点，这种情况下，用户可通过清零操作来实现。

如果要对所有的通道进行平衡和清零，可以通过控制工具栏上的平衡按钮和清零按钮来实现，或通过选择菜单项“控制 | 平衡”和“控制 | 清除零点”来实现。

每次进行平衡或清零前，系统都会询问用户是否确认要进行该操作，以免产生误操作。当然不进行平衡和清零也可以直接采样，但可能数据误差较大。

（2）平衡结果保存。在平衡结束时，可以将平衡的结果保存起来以备下次使用。点击工具栏按钮“保存平衡结果”，弹出保存窗口如图 B-28 所示。

输入文件名，点击保存，即可将平衡结果保存为文件形式（扩展名为 . bln）。

（3）平衡结果下传。如果需要继续上一次的测试，本次测试可引入上一次测试的状态数据。如需使用上一次的平衡结果，点击工具栏按钮“平衡结果下传”，弹出窗口如图 B-29 所示。

选择所需的平衡结果文件（扩展名为 . bln），点击打开，即可将相应的平衡

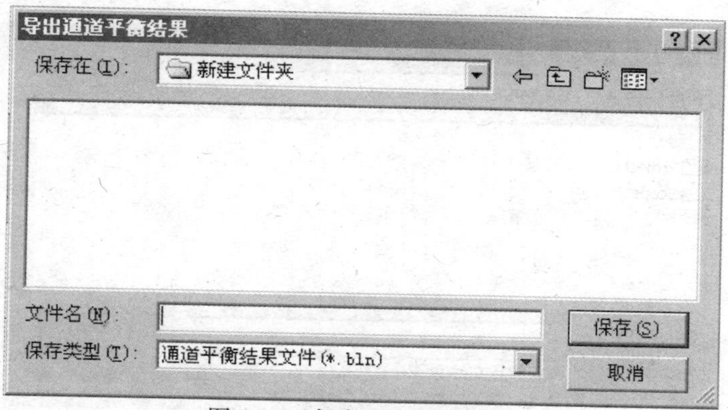

图 B-28　保存平衡结果窗口

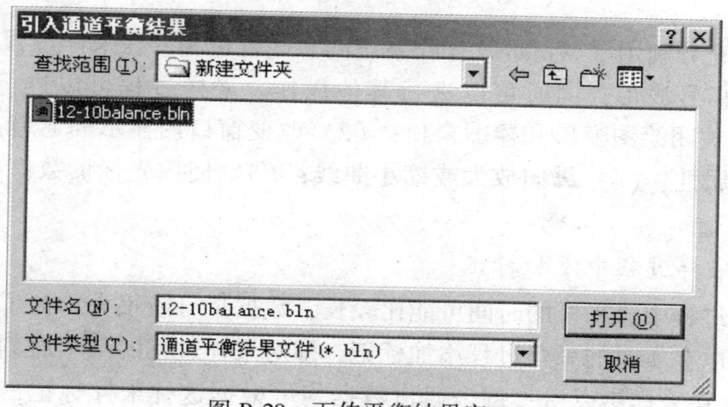

图 B-29　下传平衡结果窗口

数据向下传送给仪器，仪器恢复到上一次的状态以继续工作。

（4）引入和导出零点。使用引入和导出零点的功能，可方便地进行清零。如仪器需要恢复现场状态，只要引入当时保存的零点文件，即下传。选择菜单项“控制 | 引入通道零点”或点击工具栏按钮，即弹出如图 B-30 所示的窗口。指定文件，点击“[illegible]”即可引入零点文件（扩展名 . zer）。选择菜单项“控制 | 导出零点”或点击工具栏按钮，即弹出与图 B-30 类似的窗口。输入文件名，点击“保存”即可保存当前测试项目的零点文件。

（五）采样

完成前面的工作以后，选择菜单项“控制 | 启动采样”，或单击工具栏上的“启动采样”按钮，即可以开始采样。

选择菜单项“控制 | 停止采样”，或单击“停止采样”按钮，就可以结束采样。

选择菜单项“控制 | 暂停采样”，或单击工具栏上“暂停采样”按钮，即可暂停采样。再次单击“暂停采样”或“启动采样”，即可继续本次采样。

图 B-30　引入通道零点窗口

本软件充分利用了 Windows 操作系统的多线程机制，在采样过程中，用户可实时地观测信号波形，同时可以进行其他操作。采样过程可以进行的操作有：(1) 新建或关闭绘图窗口和棒图窗口；(2) 改变窗口内显示的通道；(3) 设置窗口的图形属性；(4) 纵向放大或缩小曲线；(5) 使用光标读数；(6) 数据保存，等。

(六) 采样过程中添加标记

在采样过程中，采样的时间可能比较长，数据量可能很大，为了便于事后观测，用户可以在实时的采样过程添加标记，即对采样过程的某个时刻做红色记号(图 B-31)。在采样结束后，每个通道数据均可根据这种采样标记，便捷地移动到某时刻的数据处。

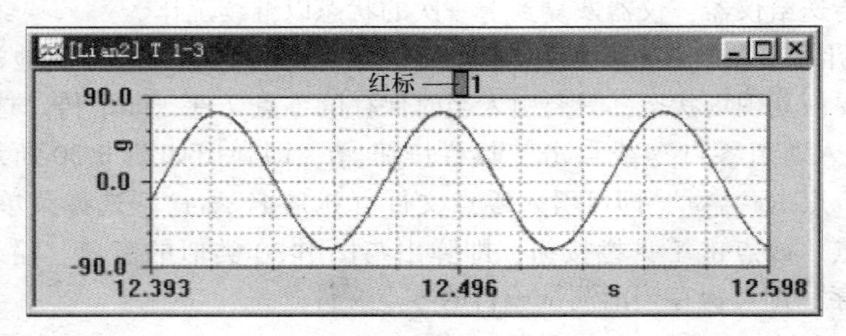

图 B-31　标记窗口

在采样过程中，点击采样控制栏“添加标记”按钮（此图标中有小黄点，注意与图形属性工具样的“切换显示采样过程标记”按钮区别)，即可在当前时刻添加标记。标记的添加要适量，因为标记太多反而不利于观测。一般情况下，可以在信号发生明显变化的时候（或测试环境发生改变的时候）添加标记，也可以每间隔一定的时间添加一个。

采样停止后，如果在采样过程添加了标记，则图形属性工具栏上按钮被激活。按下该按钮，则显示采样过程添加的标记（书签）；点击“下一标记”按钮、“上一标记”按钮，可将数据移动到相应的标记位置。

（七）回放测试项目

回放测试项目是指打开已有测试项目，对测试结果做进一步的观测和处理，以获取更多的测试信息。本操作可以在采样过程中使用，也可以在事后整理和分析中使用。例如，某些参数重新设置可能引起信号曲线改变，只有回放一下测试项目，才能让重新计算后的信号曲线显示在绘图窗口中。回放测试项目时，因为所有的测试数据都已经保存在计算机的磁盘上，所以可以读取任意一段的数据进行处理，具有采集过程所没有的灵活性。点击工具栏上的按钮，或选择菜单项“控制 | 启动回放”，即可回放测试项目。

（八）保存测试数据

采样结束，需要保存该测试项目的所有数据，以备事后整理分析。用户可以选择菜单项“文件 | 保存”，或“文件 | 另存项目为”，或单击标准工具栏按钮，即可保存当前测试数据。

五、项目数据的整理

采集到的各种数据反映了工程实际情况，只有经过整理分析，去芜存菁，才能了解数据含义，帮助工程的检验监督。这些整理分析通常是在绘图窗口中进行的，下面介绍一些相关的软件操作。

（一）光标读数

光标读数是非常有用的一个功能，通过光标读数，用户可以对采集的各个通道的信号进行观测和比较。光标读数，在普通绘图方式下包括单、双光标，峰值、谷值搜索光标和光标同步；而在 *X-Y* 记录方式下，只包括单光标和光标同步。

选择菜单项“观测 | 光标读数”，或者点击工具栏上的光标读数按钮，或者在绘图窗口内单击鼠标右键，从弹出的快捷菜单中选择“光标读数”，然后再选择光标类型，即可实现不同的光标读数功能。

1. 单光标

（1）普通绘图方式

通过单光标读数，用户可以观测曲线上任意一点对应的时间和幅值（图 B-32）。

图中光标读数显示在“信息窗”内，“*X*”表示光标 1（即单光标）对应的 *X* 轴方向的值，这里就是光标对应点的时间；“*Y1*”表示单光标窗口内曲线一的 *Y* 轴方向的值。如果一个窗口有几条曲线，则以“*Y2*”代表曲线二的 *Y* 轴方向的值，依此类推。参见“设置活动曲线”。

同一窗口显示多条曲线时，通过单光标读数，用户可以对多个通道的信号进行同步观测，有利于对多个通道的信号进行比较（用户还可以通过其他方法来同步观测，如光标同步）。

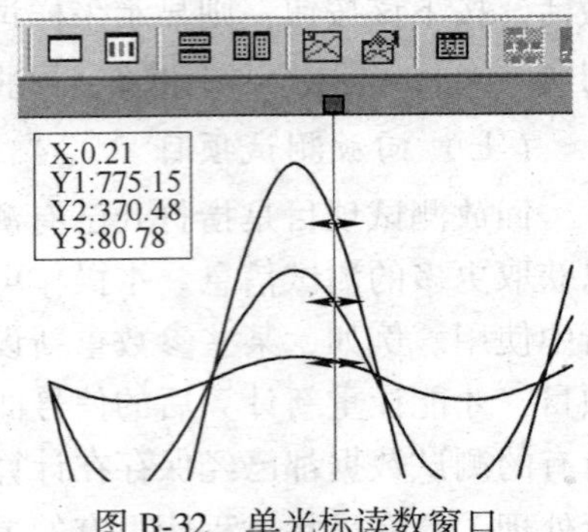

图 B-32　单光标读数窗口

使用单光标读数时，用户可以通过下述三种方法来移动光标：1）在绘图区域任意位置按下鼠标左键，则光标就移动到鼠标按下的位置；2）按一下键盘上的方向键“←”或“→”，则光标会向左或右移动一个数据的位置；如果用户按住方向键“←”或“→”不放，则光标会连续地向左或向右移动，一直移动到曲线绘制区域的最左端或最右端为止；3）在光标线附近按住鼠标左键，然后拖动鼠标，则光标就会随着鼠标一起移动。

（2）*X-Y* 记录方式

X-Y 记录绘图方式下的光标读数与普通绘图方式下的光标读数不同，在普通绘图方式下，*X* 方向表示的是时间，由鼠标的落点可以很容易得到对应的数据点，并且曲线上相邻的数据点在记录的顺序上也是相邻的，所以可以通过左右移动光标来进行观测；而在 *X-Y* 记录方式下，*X* 方向表示的是幅值，所以很难根据鼠标的落点得到对应的数据点，并且曲线上相邻的数据点并不一定在记录的顺序上也是相邻的。所以，在这两种情况下不能采用相同的光标读数方法。

在 *X-Y* 记录方式下，只有单光标一种读数功能，当用户起用光标读数功能时，光标首先定位在窗口内所显示的所有数据中的第一个数据点（时间序列上的第一个数据点）上，如图 B-33 所示。

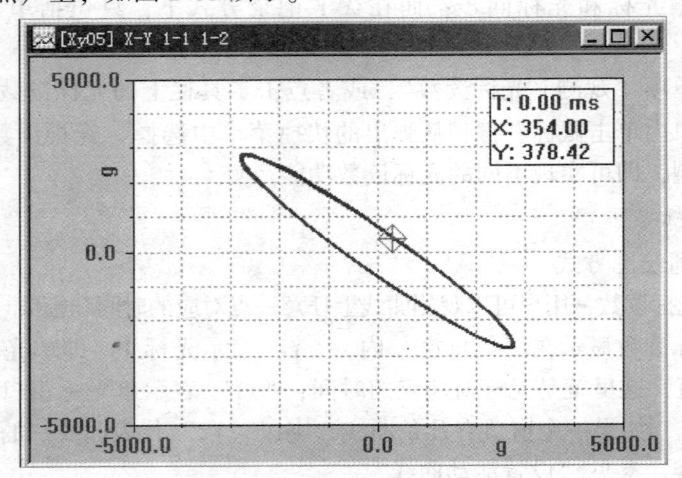

图 B-33　*X-Y* 记录方式窗口

如果用户要观测其他数据点的值，则可以通过键盘上的左右方向键来移动光标，这样就可以按时间序列来进行读数。如果用户要随意读取任意一个时刻的数据，则可以通过光标同步来实现。关于在 *X-Y* 记录方式下如何利用光标同步来读数，请参见“*X-Y* 记录方式下的光标同步”。

2. 双光标

通过双光标读数，用户可以对曲线上的任意两点进行比较。对于周期性信号，用户还可以通过双光标读数，大概估计一下该信号的周期。

使用双光标读数时，两个光标分别称之为光标 1 和光标 2，两个光标可以通过颜色来区分，光标的颜色在“图形属性”里设置。

图 B-34 中“信息窗”内共有六项数值，前四项表示的是光标 1 和光标 2 对应的两个数据点 *X* 轴和 *Y* 轴方向的数值，后两项（即 d*X* 和 d*Y*1）分别表示两个光标之间 *X* 轴方向的差值（即时间差）和曲线一的 *Y* 轴方向上的差值（即幅值差）。图中光标 1 和光标 2 基本上位于正弦信号的相邻两个峰，因此 d*X* 值基本上就是该信号的周期。

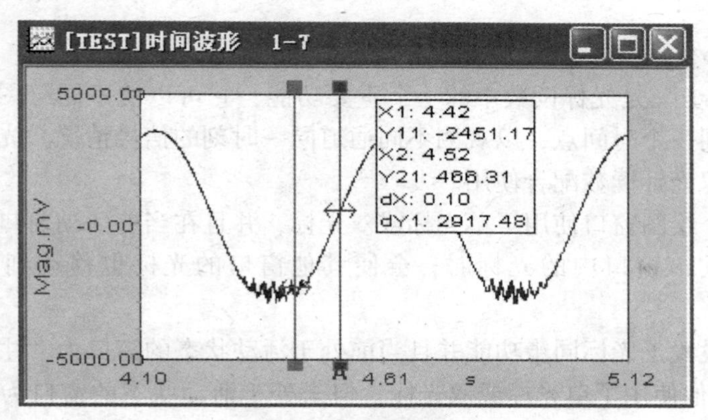

图 B-34　双光标窗口

在使用双光标读数时，用户可以这样来移动光标：

（1）在绘图区域任意位置按一下鼠标左键，离鼠标按下位置最近的光标自动移动至鼠标当前位置；如果按下鼠标左键不放并移动，则离鼠标最近的光标就会随着鼠标一起移动。

（2）按一下键盘上的方向键“←”或“→”，则当前活动光标就会向左或向右移动一个数据的位置；如果用户按住方向键“←”或“→”不放，则光标会连续地移动，一直移动到曲线绘制区域的最左端或最右端为止。

3. 峰值搜索光标

峰值搜索光标也是一种单光标，不过该光标不可以随意移动，因为该光标永远自动定位在当前活动曲线的最高峰处。这就是所谓的峰值搜索。如图 B-35，即为使用峰值搜索光标的情况。如果用户对数据中的最大值感兴趣，就可以使用峰值搜索光标，由系统自动搜索最大值。

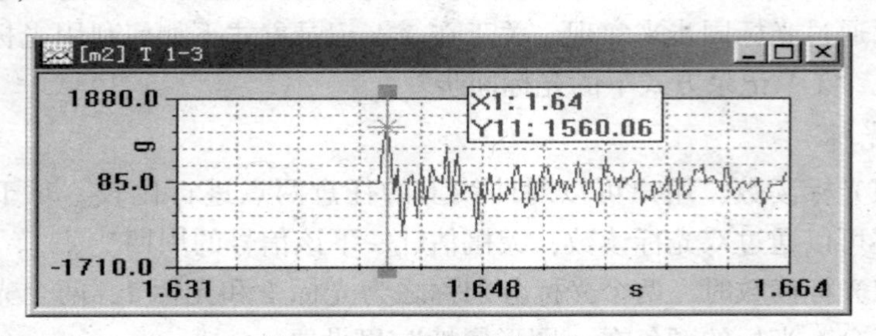

图 B-35 峰值搜索光标窗口

4. 谷值搜索光标

谷值搜索光标的作用正好与峰值搜索光标相反，它也是一种单光标，不可以随意移动，永远自动定位在当前活动曲线的最低谷处。这就是所谓的谷值搜索。如果用户对数据中的最小值感兴趣，就可以使用谷值搜索光标，由系统自动搜索最小值。

（二）光标同步

“光标同步”是光标读数中的一个重要功能，它可以使不同绘图窗口的光标同时移动到同一个时间点，以观测不同通道同一时刻的信号情况。光标同步一般与单光标或双光标读数配合使用。

如果几个绘图窗口使用了单光标或双光标，并且在当前活动窗口设置了光标同步，则移动该窗口内的光标时，会使其他窗口的光标也移动到对应的数据位置。

我们称设置了光标同步功能并且当前处于活动状态的窗口为“主动光标同步窗口”，称其他使用了单光标或双光标，但未处于活动状态的窗口为“被动光标同步窗口”。

每个绘图窗口既可设置为主动光标同步窗口，也可设置为被动光标同步窗口，即如果用某个窗口的光标去使其他窗口的光标跟它同步移动，则该窗口就是主动的；反之，则是被动的（表 B-4）。

表 B-4 光标同步

<table>
<tr><td colspan="2" rowspan="2">普通绘图方式下的同步情况</td><td colspan="2">被动光标同步窗口</td></tr>
<tr><td>单光标</td><td>双光标</td></tr>
<tr><td rowspan="2">主动光标同步窗口</td><td>单光标</td><td colspan="2">同步移动光标一</td></tr>
<tr><td>双光标</td><td>同步移动光标一</td><td>同步移动光标一和二</td></tr>
</table>

X-Y 记录方式下只有单光标读数，所以只有单光标同步一种情况。

1. 普通绘图方式下的光标同步

如图 B-36 所示，两个绘图窗口中上面的是主动光标同步窗口，下面的是被动光标同步窗口，则移动上面窗口内的光标时，下面窗口的光标也会同步移动到相同的时间点。

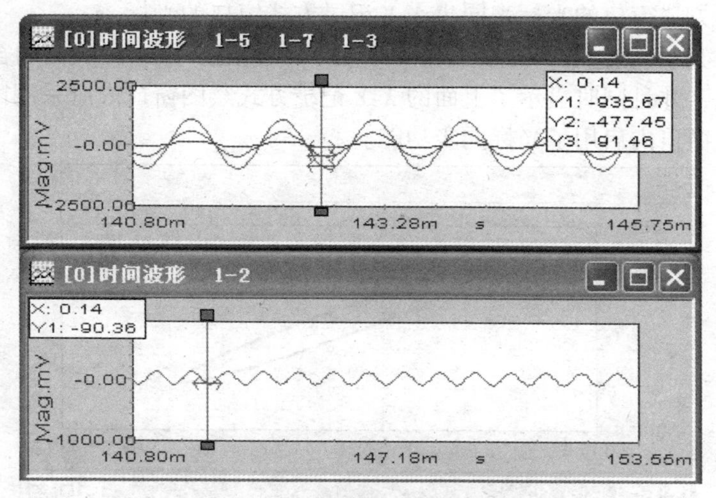

图 B-36 光标同步窗口

如果主动光标同步窗口内光标所对应的数据点不在被动光标同步窗口所显示的数据的范围内，则被动光标同步窗口的光标定位在曲线的最左端或最右端，不能实现同步。图 B-37 所示就是主动光标同步窗口（上面的窗口）内光标对应的数据点在被动光标同步窗口（下面的窗口）的所有数据的前面（按时间序列），所以就将被动光标同步窗口的光标定位在曲线的最左端。

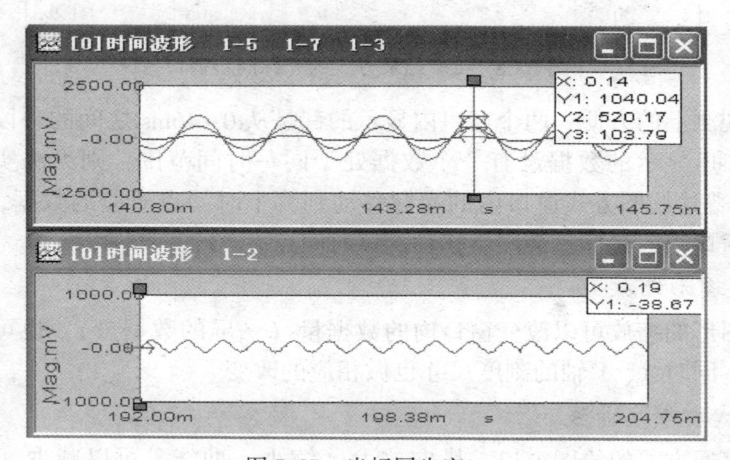

图 B-37 光标同步窗口

2. *X-Y* 记录方式下的光标同步

如果某个绘图窗口采用的绘图方式为 *X-Y* 记录方式，则对该窗口进行光标读数只能按照时间序列来进行，不能像对于普通方式绘图窗口那样随意读取任意一个时间点的值。为了随意读取任意一个时间点的数据，用户可以通过光标同步，用普通绘图方式窗口的光标来同步 *X-Y* 记录方式窗口的光标。

如图 B-38 所示，上面的绘图窗口采用了 *X-Y* 记录方式；下面的窗口采用普通绘图方式，并且同时显示了上面的 *X-Y* 记录方式绘图窗口内所采用的两个通道的数据。该窗口内启用了光标同步功能。

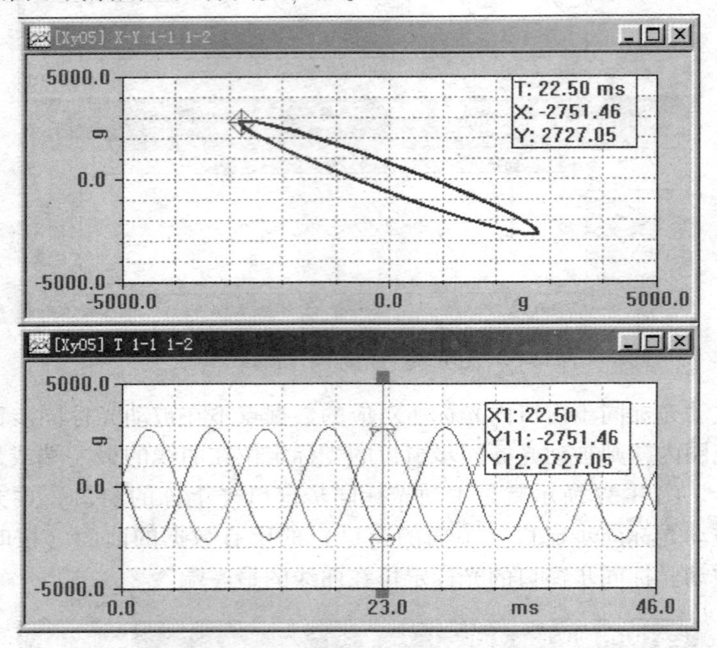

图 B-38 *X-Y* 记录方式的光标同步窗口

为了观测上的方便，两个窗口内显示的都是从 0~46ms 之间的一段数据（如果两个窗口所显示的数据没有一个数据处于同一时间范围，则无法实现光标同步）。只要普通绘图方式窗口内的光标移动到哪个时间点对应的数据，*X-Y* 记录方式绘图窗口内的光标就会同步移动到该时间点。

（三）图形缩放

通过图形的缩放可以改变窗口内的数据量（一屏的数据量），也可以改变图形的形状，同时 *X*、*Y* 轴的刻度尺寸也做相应的改变。

1. 放大和缩小曲线

对于普通方式的绘图窗口，横向放大（缩小）曲线，可以减少（增加）一屏的数据量，也就是对时域进行了扩展。

对于 X-Y 记录方式的绘图窗口，横向放大（缩小）曲线是通过调整横向的绘图比例系数来实现的。如果要改变 X-Y 记录绘图方式窗口内的数据量，可以通过点击“增大 X-Y 记录的数据量”和“减少 X-Y 记录的数据量”工具栏按钮来实现（图 B-39）。

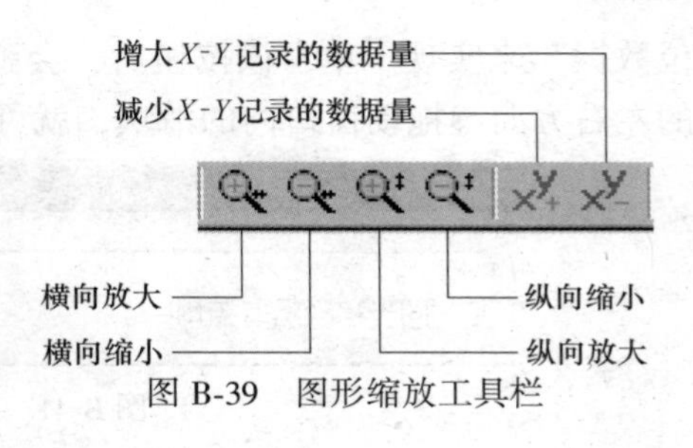

图 B-39　图形缩放工具栏

纵向放大（缩小）曲线，是通过调整纵向的绘图比例来实现的。如果当前窗口的坐标刻度类型被设置为“自动刻度”（参见绘图窗口中的“图形属性”之纵向绘图比例），则不能对曲线进行纵向放大或缩小。

2. 框取放大曲线

要改变窗口内一屏的数据量，也可以通过鼠标框取放大来实现。该方法只适用于普通绘图方式下，不适用于 X-Y 记录绘图方式。

从当前窗口内显示的数据中选取一段数据，从而可以使选取的一段数据占满整个绘图区域，也就是对数据做了局部放大。放大后的曲线是原数据线性插值的结果。

框取放大的具体操作是：按住键盘上的“Ctrl”键，在欲放大的一段数据的起点位置按住鼠标左键；然后拖动鼠标，一直拖动到要选取的一段曲线的末尾；松开“Ctrl”键和鼠标左键，即可以放大所框取的矩形范围内的一段曲线。

如果进行了框取放大曲线，软件将记忆这些放大步骤，因此可用“撤消”“重新执行”功能来恢复原来的图形。点击按钮可重复上一次的框取放大动作，点击按钮即可撤销前一步的框取放大动作。

（四）移动数据

通过移动数据，用户可以观察和处理任意一段数据。要移动数据，可使用图 B-40 所示的控制数据移动的工具栏按钮，或者使用菜单“移动数据”下对应的菜单项。无论是向前还是向后移动数据，都保持窗口内当前一屏的数据总量不变。

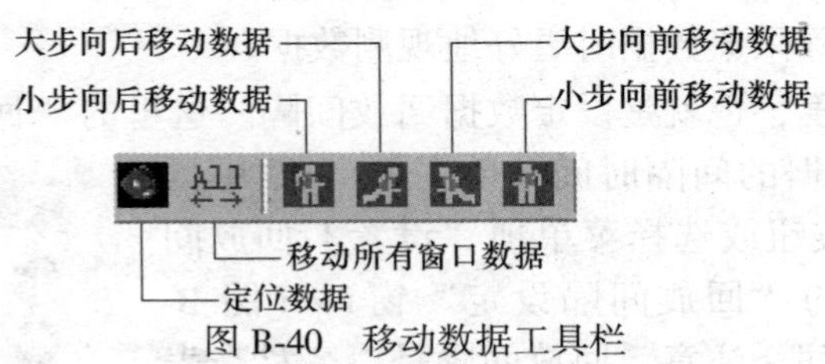

图 B-40　移动数据工具栏

如果要连续地移动一个个数据，而不是上面所说的移动一块块数据，则可以通过点击工具栏“定位数据”按钮，或者选择菜单项“观测 | 移动数据 | 定

位数据”来实现。单击该按钮后，会弹出图 B-41 所示的窗口。用鼠标或键盘上的左右方向键拖动窗口内的滑块，就可以连续地移动当前窗口内的信号曲线。

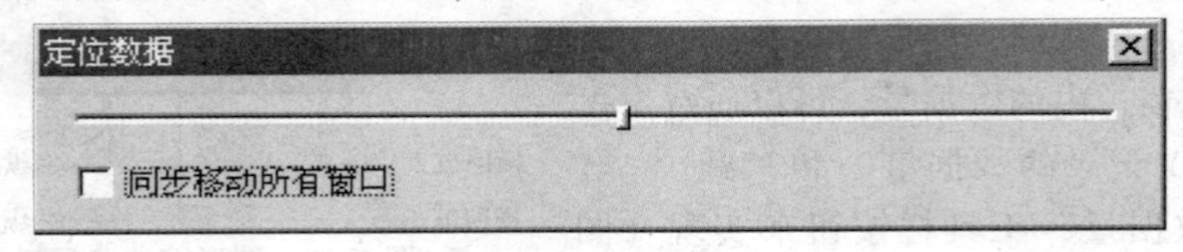

图 B-41　定位数据窗口

如果选中“定位数据”窗口内的“同步移动所有窗口”，则所有窗口的信号曲线将同步移动。当然，也可以一起使用“移动所有窗口的数据”和“定位数据”两个功能按钮，来实现数据的同步移动。

如果打开的绘图窗口比较多，窗口内的数据量又比较大，则同步移动时可能会感觉到某些窗口的数据移动有些滞后。这是因为同步移动时，总是先移动完一个窗口内的数据，再移动下一个窗口内的数据。如果用户缓慢拖动滑块，基本上不会感觉有滞后现象。

还可以少量地移动数据，使用如图 B-40 所示的按钮“小步向前/后移动数据”和“大步向前/后移动数据”或相应的菜单项。小步移动，一次移动 10 个数据点；大步移动，一次移动四分之一块数据，即 256 个数据点。如果先按下按钮All，则可以使所有窗口一起大步或小步移动数据。

如果要将当前活动绘图窗口中的通道曲线一次移动到开始的状态，即从起始时间为 0 时开始显示一块数据，可选择菜单项“设置 | 默认状态”或工具栏按钮。

（五）回放数据

这里所说的“回放数据”，不同于“回放测试项目”，回放测试项目是指打开已经建立的测试项目进行观测和处理，而回放数据是指模拟采集数据的过程，将采集的数据从头到尾显示，相当于进行采样一样。回放数据仅仅是回放测试项目时可以进行的一种对数据进行观测的方法。

通过回放数据，用户可以模拟再现采样过程，因为用户可以设定回放的速度，所以可以比实际采集数据时更好地观测数据。

设置回放的速度，也就是设定数据回放间隔。这里的“回放间隔”，是指回放显示相邻两块数据的间隔时间。单击图 B-42 中的“回放间隔设定”按钮或选择菜单项“设置 | 回放间隔”，然后在弹出的“回放间隔设定”窗口（图 B-43）内输入间隔时间。注意，回放间隔是以毫秒来表示的。在回放开始前或在回放过程中，用户都可以调整回放间隔，以控制回放的速度。

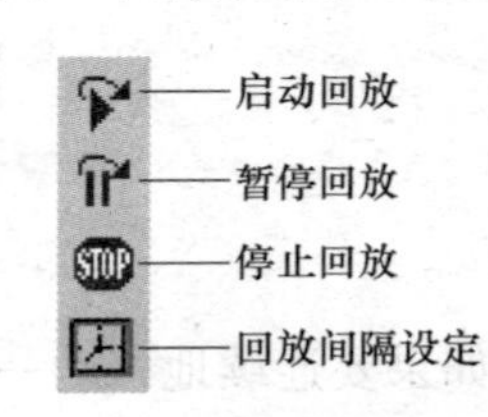

图 B-42　回放数据工具栏

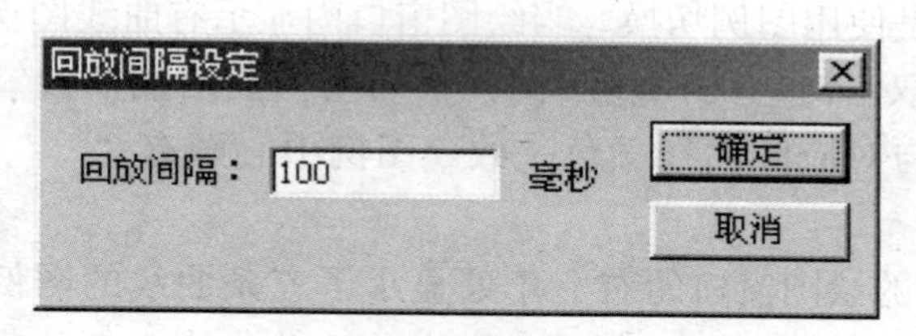

图 B-43　回放间隔设定窗口

选择菜单项“控制 | 启动回放”，或单击工具栏上的“启动回放”按键，即可以开始回放数据，模拟采样的过程。其他操作如“停止回放”等，均可单击相应的菜单项或工具栏按钮。

无论是对于瞬态记录的数据，还是连续记录的数据，回放时都是以块（1024个数据）为单位，一块显示为一屏，一块一块地予以回放。如果原来一屏显示的数据量不是1024个，系统也会自动以块为单位回放。

回放过程中，用户可以使用光标读数、统计信息等方法（参见其他章节）来对当前的数据进行观测。

（六）设置当前活动曲线

当一个绘图窗口内显示的曲线多于一条时，也只有一条曲线可以作为当前活动曲线。因为统计信息等操作都是针对当前活动曲线的，所以可能经常需要改变当前活动曲线。

设置某一曲线为当前活动曲线有两种操作方法：一种方法是选择菜单项“设置 | 当前活动曲线”，选择一条曲线，就可以将这条曲线设置当前的活动曲线，如图 B-44 所示。

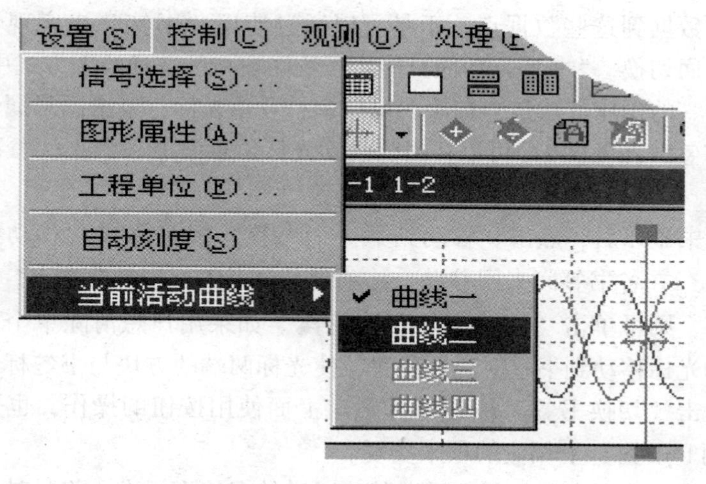

图 B-44　当前活动曲线窗口

另一种方法是使用图例切换。当绘图窗口内显示有曲线图例时，用户也可以通过用鼠标左键双击对应的曲线图例，来切换当前活动曲线。如图 B-44 所示。曲线图例的颜色与对应的曲线颜色一致，图例中心画有“　”号的曲线，即为当前活动曲线。

图 B-45 所示的绘图窗口的右上角处显示了三条曲线的图例，从上到下分别对应曲线 1、曲线 2 和曲线 3。曲线 1 为当前活动曲线。各条曲线对应的通道号在窗口标题栏上从左到右显示，1-5 为曲线 1，1-7 为曲线 2，1-3 为曲线 3。

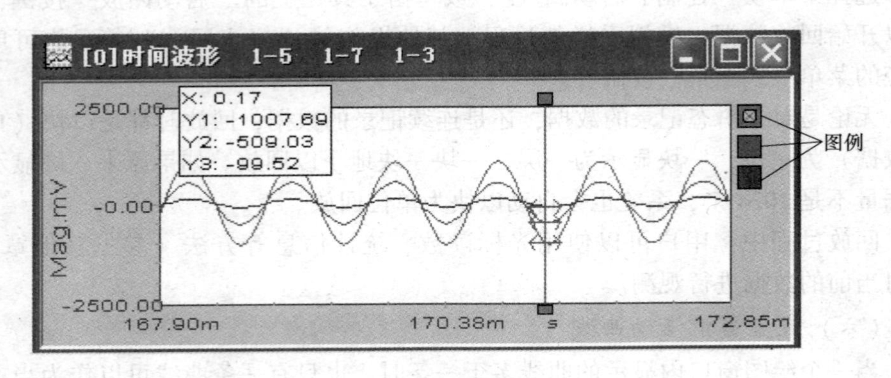

图 B-45　时间波形

（七）使用书签、标注、注释

1. 书签

事后分析观测时，发现某个通道的某些数据点比较重要，而各个通道的重要数据点的位置又不同，又常常需要移动到这些数据点，因为数据量比较大，很难快速地移动数据到这些数据点。于是可以通过使用“书签”来实现快速在几个数据点间来回切换。“书签”功能只能用于绘图窗口的普通绘图方式中。

添加书签的操作方法是，在绘图窗口中打开单光标，单击图形属性工具栏上的“切换书签”按钮，即可以在当前活动光标位置添加一个蓝色书签。如图 B-46 所示。未打开单光标，则不能添加书签。

添加了书签以后，点击“移动到下一个书签”按钮或“移动到前一个书签”按钮，在各书签间来回移动，移动到某个书签标记的数据点。如果要清除所有的书签，则可单击“清除书签”按钮。如果用户想清除单个书签，可以将当前活动光标移动到书签对应的位置，使光标两端的方块与书签标识块完全重合，然后单击“切换书签”按钮即可。上面使用按钮的操作，也可通过选择菜单“观测 | 书签”上相应的项来实现。

在同一项目数据中，如果需要以某一通道的书签为标准，将另外通道数据移动到相应时刻的位置，可这样操作：假设 1-1 通道曲线已添加了书签，而 1-2、

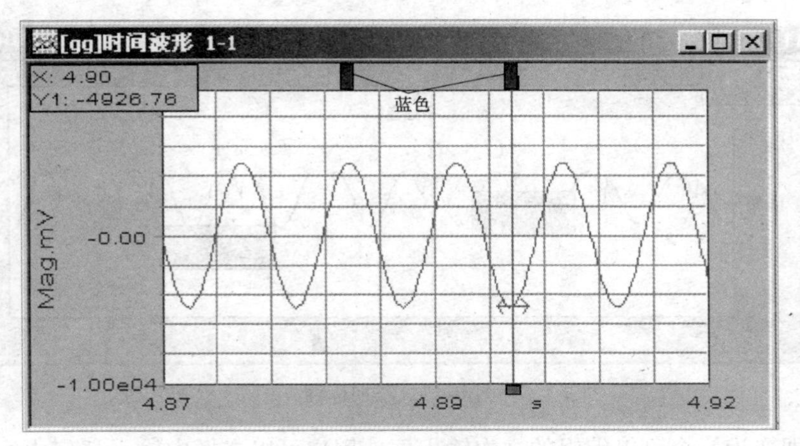

图 B-46 添加书签

1-3通道曲线也需要移动到相应书签的位置，则可将这三个通道的曲线都显示在同一绘图窗口中，然后移动书签，使它们移动到同一时刻。还可以利用“标签转换”功能，将某一通道的书签转换成采样标记，使所用通道均可根据此标记来快速移动。操作方法为：点击按钮，“切换显示采样过程标记”按钮被激活，然后点击此按钮，即显示转换后的标签。这时的标签可与采样标记一样使用。

采样标记与书签的功能相似，都是用来在某些数据点（即某些时间点）做标记，以便于快速定位数据到相应的位置。两者的区别为：采样标记和相应的按钮均以红色表示，且每个标记都依次编号；书签及相应的按钮均以蓝色表示，且书签没有编号。某个通道添加的采样标记，在其他通道均可激活；而书签只在添加的那个通道激活。

2. 标注

使用光标读数时，因为每个光标只能读取一个数据点的值，即使用户采用双光标，也只能读取两个数据点的值，如果用户想使窗口内能同时显示多个点的值，则可以通过添加标注来实现。标注，也称为光标标注，是指将当前光标读取的数据点标识固定，并且将该数据点的值也同时显示出来。如图 B-47 所示，即为添加一个标注的情形。

（1）添加标注：只有在进行光标读数时，才可以添加标注。

具体操作是，在绘图窗口中，选择菜单项“观测 | 添加标注”，或者单击工具栏按钮，或者在绘图窗口内单击鼠标右键，从弹出的快捷菜单中选择“添加标注”。

这时，在当前活动光标线与当前活动曲线的交点上添加标注，显示标注值的信息框显示在被标注点的旁边，用户可以使用鼠标将信息框拖动到其他处。

标注信息框可以被自由修改。用户可以用鼠标双击该标注信息框，则该标注

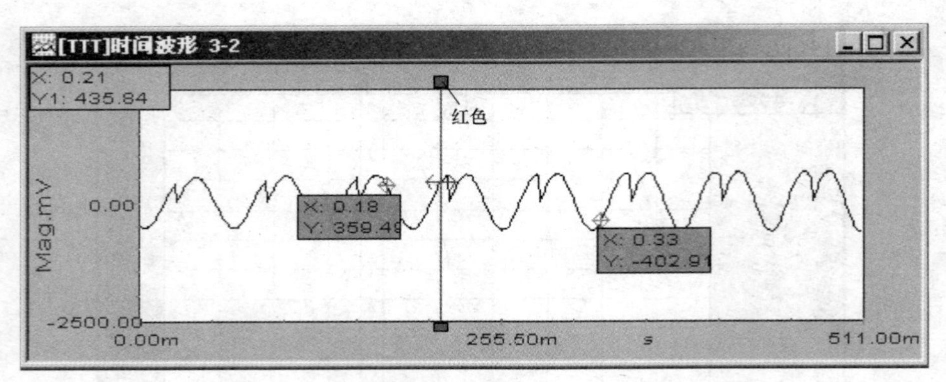

图 B-47 添加标注

信息框即变为一个可以编辑的文本输入框，用户可以在框中输入任何内容。如果用户要将输入的内容以多行显示，则可以在输入完一行后，按回车键（Enter键）。全部标注文本输入完毕以后，只要在该绘图窗口以内、该文本输入框以外的任何地方单击鼠标左键，则刚输入的内容就会在标注信息框内显示出来。

（2）删除单个标注：单击鼠标左键，以选中标注信息框，将鼠标移到此信息框上，单击右键弹出快捷菜单，选择“删除标注”即可；或者将标注信息框中的所有内容删除（如果标注信息框中有空格，空格也删除掉），则该标注点和标注信息框都被删除。

（3）删除所有标注：选择菜单项“观测 | 清除标注”，或工具栏按钮来实现。

如果被标注的数据点在移动数据时被移动出屏幕，则相应的标注信息框也被隐藏。目前最多允许添加 8 个标注。

在进行打印前，通过添加适当的标注，可增强打印效果。

3. 注释

注释，也可以称为文本注释，指简短的说明性信息。同使用标注一样，适当地添加一些注释，可便于用户对数据的观测，也可以在打印时增强打印的效果。添加标注必须在打开光标读数功能的情况下使用，而添加注释则不必如此。图 B-48为添加标注和注释的情况。

（1）添加注释：操作方法是，选择菜单项“观测 | 添加注释”，或者单击工具栏按钮，或者在绘图窗口内单击鼠标右键，从弹出的快捷菜单中选择“添加注释”。

如果光标读数功能未打开，则注释信息框不能添加，只可删除已有的注释；如果光标读数功能打开了，则注释信息框被添加在当前活动光标线与当前活动曲线的交点旁边，用户可以使用鼠标将注释信息框拖动到其他地方。添加的注释的

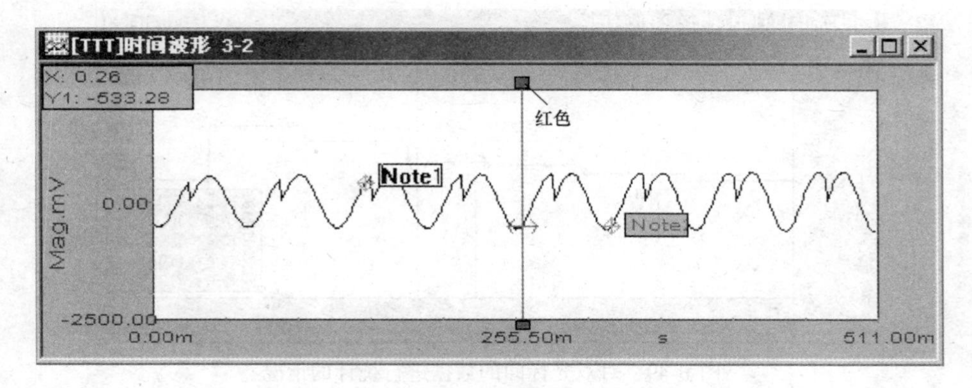

图 B-48　添加标注和注释

初始内容为“Note”加上一个数字序号。

(2) 修改注释：注释信息框可以被自由修改。修改方法与标注信息框一样。用户可以用鼠标双击该注释信息框，则该注释信息框即变为一个可以编辑的文本输入框，用户可以在框中输入任何内容。如果用户要将输入的内容以多行显示，则可以在输入完一行后，按回车键（Enter 键）。注释内容输入完毕以后，只要在该绘图窗口以内、该文本输入框以外的任何地方单击鼠标左键，则刚输入的内容就会在注释信息框内显示出来。

(3) 删除单个注释：单击鼠标左键，以选中注释信息框，将鼠标移到此信息框上，单击右键弹出快捷菜单，选择“删除注释”即可；或者将注释信息框中的所有内容删除（如果注释信息框中有空格，空格也删除掉），则该注释点和注释信息框都被删除。

(4) 删除所有注释：选择菜单项“观测 | 清除注释”，或工具栏按钮来实现。

移动数据对于注释没有影响，即不管用户如何移动曲线，添加的注释始终显示在当前绘图窗口内，它不会随曲线的移动而被移动出屏幕。这一点刚好与标注相反。目前最多允许添加 8 个注释。

(八) 统计信息

无论是在采样过程中，还是在回放项目状态下，统计信息都是很有用的功能。通过对数据进行统计，用户可以对某段信号有个比较详细的了解。目前的统计信息包括最大值、最小值、平均值、有效值、峰峰值，通过图形属性的“选项”页面设置。

如果当前绘图窗口内有双光标，则统计两个光标间的数据（图 B-49），否则统计当前整个窗口内显示的数据（图 B-50）。当一个绘图窗口内的曲线不只一条时，统计信息是针对当前活动曲线的。

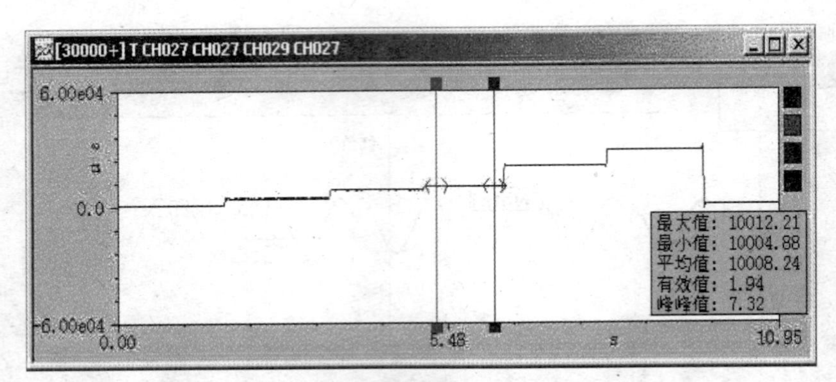

图 B-49　对双光标间的数据进行统计的情况

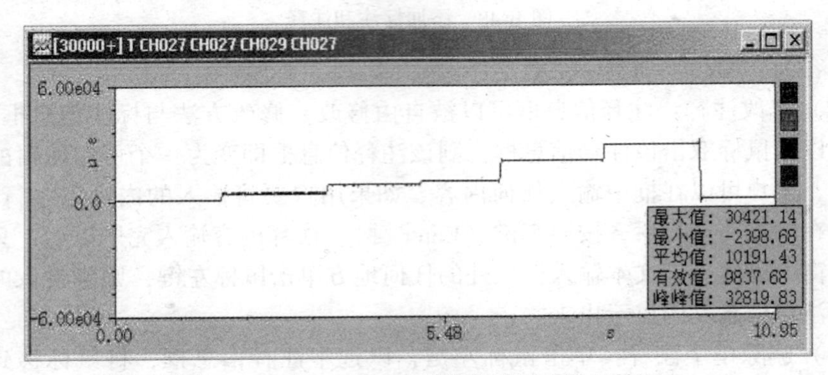

图 B-50　对整个窗口内的数据进行统计的情况

统计信息有 5 个指标：

（1）最大值：所取数据中的最大的幅值；

（2）最小值：所取数据中的最小的幅值；

（3）平均值：$\bar{x} = \dfrac{1}{N}\sum_{i=1}^{N} x_i$；

（4）有效值：也就是均方根值，表示为 $x_{\mathrm{rms}} = \sqrt{\dfrac{1}{N}\sum_{i=1}^{N} x_i^2}$；

（5）峰峰值：波形上相对于零线的正负最大偏离值之间的差值。

（九）图形复制

图形复制是一个较隐蔽的功能。在绘图窗口中点击鼠标右键，弹出快捷菜单，点击菜单项“复制”，即将此绘图窗口的图形复制到操作系统的“剪贴板”。可将“剪贴板”的内容粘贴至“画图”或其他图形处理的应用软件，做进一步的处理。

当然，也可用键盘上的“Print Screen Sys Rq”打印屏幕键，复制所需的图形。

六、数据处理

采集的各个通道的数据，由于多方面的原因（如环境的干扰），有可能产生误差，偏大或偏小；也有可能某个数据点会出现跳变（习惯上称为“毛刺”）。如果出现这种情况，用户可以在绘图窗口内对数据进行一些处理，包括：光标编辑、平滑、修正等。

（一）光标编辑

“光标编辑”是指在光标读数为单光标或双光标的情况下，对光标指向的数据进行编辑。选择菜单项“处理 | 编辑”，即弹出“光标编辑”对话框，可通过修改对话框中的数据来编辑光标所在的数据值。

1. 使用单光标编辑

如果采集到的信号曲线上某个数据点出现非正常的跳变，就可以通过单光标编辑来处理。将单光标移动到出现跳变的数据点，选择菜单项“处理 | 编辑”，则弹出如图 B-51 所示的对话框。当前活动曲线与光标线交叉处数据点的时间值和幅值分别显示在“原值”的 *X* 和 *Y* 内（显示为灰色，表示在此处为只读）。在“新值”中输入 *Y* 值，再单击“确认”按钮，则原来的数据点的 *Y* 值即被修改为当前 *Y* 值。如果输入的数值超出合理的范围，则系统会要求用户重新输入。

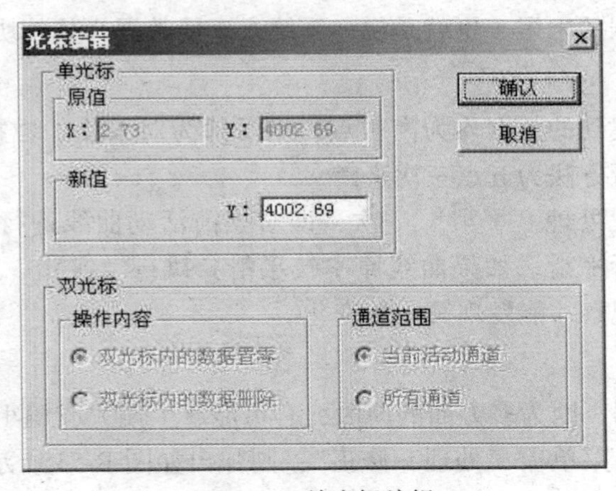

图 B-51 单光标编辑

2. 使用双光标编辑

双光标情况下，用户可以将双光标间的数据置零、截取或删除，或删除当前数据块。具体操作是，将要处理的一段数据置于双光标之间，选择菜单项“处理 | 编辑”，则弹出如图 B-52 所示的对话框，用户可以根据需要选择“操作内容”和“通道范围”。

如果是将双光标间的数据置零，则可以只对当前活动曲线（即当前通道）

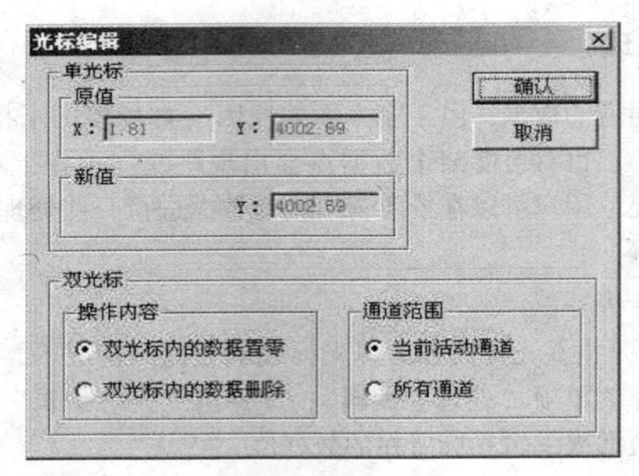

图 B-52　双光标编辑

进行，也可以对所有信号曲线（即所有通道，包括当前绘图窗口未显示的通道曲线）进行；如果是将双光标间的数据删除，则只能对所有信号曲线（即所有通道）进行。

对于将双光标间的数据删除，如果删除的数据量超过 1 块（即 1024 个数据），则首先将整块数据删除，然后对余下的不足一块的数据置零，并将置零的数据放在所有数据的最后；如果删除的数据不足 1 块，则将双光标间的数据置零，并移动至数据的末尾。也就是说，系统永远使数据为整数块。

（二）平滑

因为所有采集到的数据均为离散点，平滑即为对采集的数据进行平滑处理。本系统采用的平滑方法为五点三次平滑。

选择菜单项“处理 | 平滑”一次，即对当前活动曲线进行一次五点三次平滑，可以不断进行平滑。如果曲线原本较平滑，执行“平滑”操作后曲线变化微小，需要仔细观察才能发现其中的变化。

（三）修正

采集到的数据，因为多方面的原因，有可能产生偏大或偏小误差，可以通过修正来解决。选择菜单项“处理 | 修正”，则弹出如图 B-53 所示的“数据修正”对话框。

修正的公式为 $Y=aX+b$，其中 X 指当前值，Y 指修正后的值。其中的“当前累计修正”是指在进行本次修正前已经对原始的数据所做的累次修正的情况。如果没有进行过一次修正，或累次修正的结果等同于没有进行修正，则 $Y=1.000000X+0.000000$。

图 B-53 中，当前光标点的幅值为 2470.70，如果此时修正公式中的参数 b 设置为−1000，即将当前活动曲线上数据的幅值都减 1000。如果用户想使修正后的

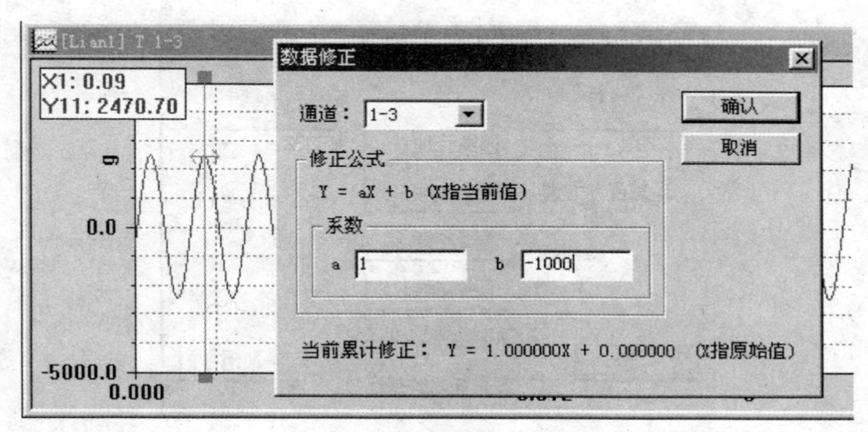

图 B-53　数据修正一

数据恢复到最初的原始状态，则只要根据累计修正的情况，推算出相应的参数 a 和 b，进行修正即可以。如图 B-54 所示，此时只要将参数 b 设置成 1000，就可以使数据恢复到原始状态。

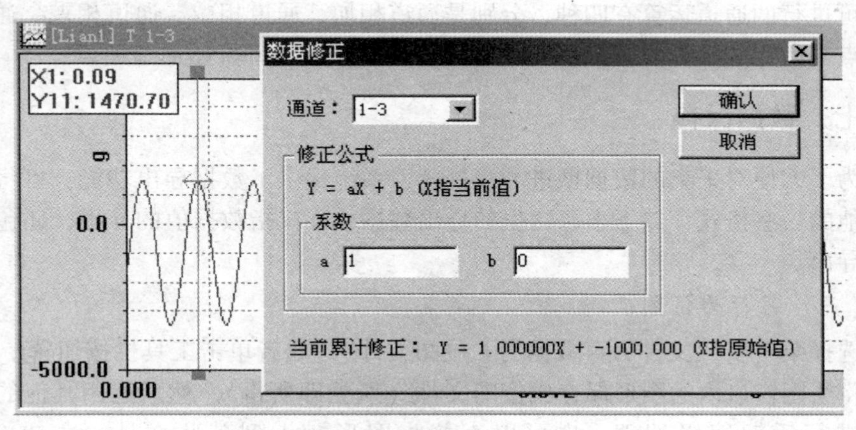

图 B-54　数据修正二

图中修正后的数据不自动进行保存，如果用户要将修正后的结果保存下来，则可以通过菜单项“文件 | 保存”或相应的工具栏按钮来完成。如果某个（或某些）通道被修正后没有保存，则在即将关闭当前项目的时候，系统会询问是否需要进行保存。

（四）通道运算

选择菜单项“处理 | 通道运算”，则弹出如图 B-55 所示“通道运算”窗口：

从“通道选择”中选择所需要的通道号。左右两边选择的通道分别是要进行运算的两个通道。

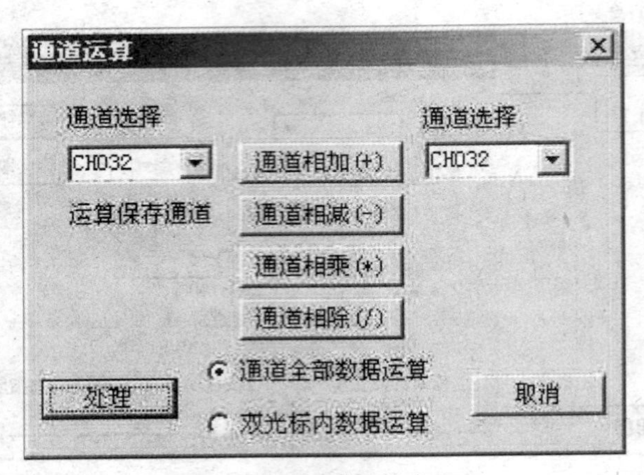

图 B-55　通道运算窗口

如果当前窗口中有双光标打开，则可选择“双光标内数据运算”，否则只能选择“通道全部数据运算”。这分别指对两个通道在双光标之间的数据进行运算，或对两个通道的所有数据进行运算。

可进行的通道运算有四种，分别是通道相加、通道相减、通道相乘、通道相除。点击所需的运算方式，然后点击“处理”按钮，即开始通道运算。

七、数据保存

为了方便对采集的数据做进一步处理，系统提供了数据导出功能，可将数据以其他的一些格式存储下来。这里的导出数据，不仅指数据值的导出，还包括图形的导出。

（一）另存为位图

选择菜单项“文件另存数据为｜位图文件”，或者单击工具栏按钮，用户可以将绘图窗口内的图形保存成位图文件（所见即所得），然后运用其他的图形软件进行后期编辑处理；也可以直接将图形插入到某些文档（如 Word 文档）中。

（二）另存为文本文件

选择菜单项“文件｜另存数据为｜文本文件”，或者单击工具栏按钮，用户可以根据需要，灵活设置“另存数据设置”对话框内容，将数据保存为文本文件,然后通过其他软件对文本文件做进一步处理。比如，用户可以使用 MS Office系列软件中的 Excel 来调用该文本文件，将其中的数据转换到 Excel 工作表中，并可以在 Excel 中利用这些数据绘制曲线。

1. 另存数据设置

图 B-56 为“另存数据设置”对话框。以下对其设置做一些解释。

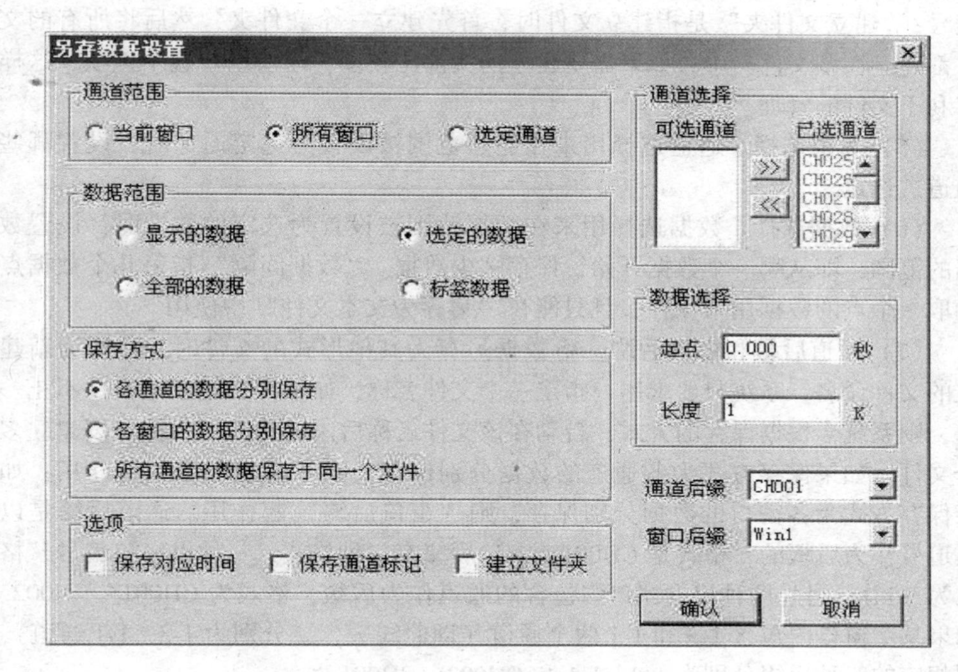

图 B-56　另存数据设置对话框

(1) 通道范围。通道范围是指要保存哪些通道。“当前窗口”是指仅保存当前活动窗口内所含通道的数据；“所有窗口”是指保存当前所有窗口内包含的通道，如各窗口包含的通道有重复，系统自动辨别并取舍；“选定通道”是指保存选定的那些通道，选定可由右边的“通道选择”项来完成。

(2) 数据范围。数据范围是指保存哪段数据。“显示的数据”是指保存当前活动窗口所显示的那段数据；“全部的数据”是指保存采集的全部数据，如果采集的数据量很大，建议不要采用该方式，因为这要花费很多时间；“选定的数据”是指保存指定范围内的数据，数据范围可以通过右边的“数据选择”项来设置，需要注意的是，数据的起点是以时间秒来表示，数据的长度是以 K 来表示，1K 是指 1024 个数据；“标签数据”是指保存采样标签的相关信息。

(3) 保存方式。保存方式是指以一个还是几个文件来保存各个通道的数据。“各通道的数据分别保存”是指为每个通道建立一个文件；“各窗口的数据分别保存”是指为每个窗口建立一个文件，各个窗口内包含的通道的数据保存在同一文件中，该方式仅在通道范围为所有窗口时才有效；“各个通道的数据保存于同一个文件”，指将所有要保存的通道的数据存在同一个文件中。

(4) 选项。选项是指附加的可选内容。“保存对应时间”是指保存数据时，保存每一个数据对应的时间；“保存通道标记”是指附加上所被保存的通道的通道号；“建立文件夹”是指建立文件时，首先建立一个文件夹，然后将所有的文件都建立在该文件夹中，如果需要建立的文件比较多，建议用户选中该项，这样有利于文件的管理。

（5）通道选择。通道选择用来在通道范围被设置为选定通道时，设置哪些通道被选定。

（6）数据选择。数据选择用来在数据范围被设置为选定的数据时，设置数据的范围，即从哪一个数据开始，保存多少数据。“数据间隔”指每几个数据点抽取一个点的数据用来保存，且只能在“另存为文本文件”中使用。

（7）通道后缀和窗口后缀。将数据另存为其他形式的文件时，需要为新建立的文件命名。系统只要求用户指定一个文件名称，如果需要建立的文件不止一个，则系统会根据保存的方式，自动在该文件名称后添加相应的后缀，以建立多个文件。如果保存方式为各通道的数据分别保存，则“通道后缀”起作用；如果保存方式为各窗口的数据分别保存，则“窗口后缀”起作用。通道后缀是以通道号作为后缀的，格式是 CH001。窗口后缀有三种格式，一种以窗口编号，格式为 Win1；另外两种根据窗口内包含的通道作为后缀，格式为 CH001_ CH002。如果某个窗口内包含 1-3 和 1-1 两个通道（即曲线一、二分别为 1-3、1-1 通道），则相应的三种后缀分别为 1-3_ 1-1 和 CH003_ CH001。

设置完上述参数后，单击“确认”按钮，则会弹出一个“另存为”对话框，设置好文件名以后，点击“保存”按钮，就开始保存。如果要保存的数据量比较大，则保存的时间会比较长，需要用户耐心等待。

（三）另存为 MatLab Workspace 文件

选择菜单项“文件 | 另存数据为 | MatLab MAT 文件”，或者单击工具栏按钮，用户可以根据需要，灵活设置“另存数据设置”对话框内容，将数据保存为 MatLab MAT 文件。以后用户就可以利用 MatLab 软件对这些数据进行处理。这里对建立的 MatLab Workspace 文件中的内容加以说明。

从 MatLab 的“File”菜单下选择“Open...”或“Import Data...”，然后从弹出的打开文件对话框的文件类型中选择 MAT-files（*.mat），再选择导出的 MatLab MAT 文件，即可以将导出的数据加载到 MatLab 中。如果选择的是“Import Data...”，则可以在引入数据到 MatLab 中时，选择引入 MatLab Workspace 文件中的哪些内容，从而不需要的内容就不引入。选择菜单项“Open...”，或是“Import Data...”，使用的效果相差不多。

图 B-57 为在 MatLab 下打开文件时的情景。窗口左边部分的 Workspace 区内列出了导出的 MatLab Workspace 文件中保存的所有内容，目前一共有四个参数，各个参数保存的内容如下：

（1）Data：导出的数据（二维数组）；

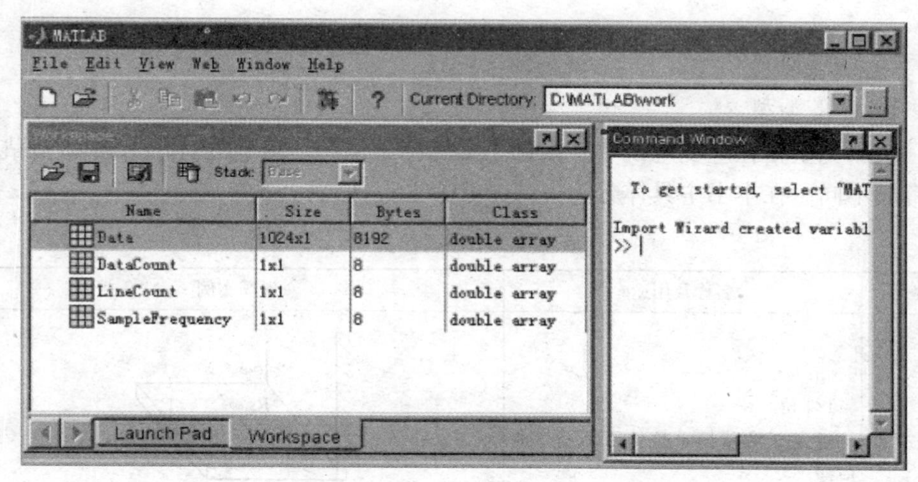

图 B-57　打开文件

（2）DataCount：单个通道数据量（也就是每条通道曲线的数据量）；

（3）LineCount：通道个数（也就是通道曲线条数）；

（4）SampleFrequency：采样频率。

实际上（2）和（3）两个参数也可以根据（1）得出，因为（2）和（3）两项分别为（1）的每维的上界。

八、数据打印

1. 打印预览

选择菜单项“文件 | 打印预览”或单击工具栏按钮，可在打印前进行预览。用户可以适当地对图形进行调整，搭配好窗口的布局，添加适当的注释和标注，方便阅读。

2. 打印设置

选择菜单项“文件 | 打印设置”，可从弹出的标准打印设置窗口中选择打印机、纸张大小等参数。

3. 打印

如果绘图窗口处于最大化状态，则只打印当前活动窗口；如果窗口处于平铺状态，则打印所有窗口；如果窗口处于层叠状态，则打印最前面的窗口；其他情况下，如果各个绘图窗口间不互相重叠，则打印所有的窗口，并保持屏幕上显示的相对位置。

系统会根据实际情况判断打印哪些窗口，调整各个窗口的相对比例及相对位置。

九、附件

1. 桥路类型

桥路类型指在应变电桥中，根据不同的测试情况，接应变计的数量和粘贴方式有所不同。在本书中具体分为方式1~方式6，见表B-5。

表 B-5　粘贴桥路类型

序号	名称及用途	现场实例
方式1	1/4桥 适用于测量简单拉伸压缩或弯曲应变	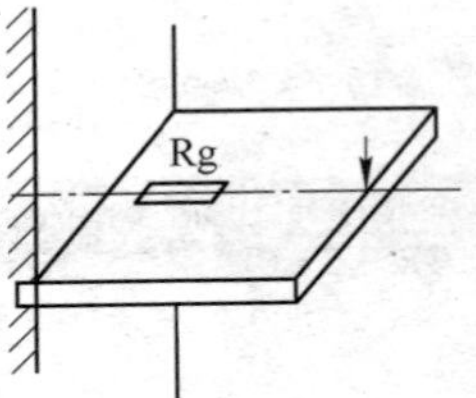 Rg
方式2	半桥（1片工作片，1片补偿片） 适用于较恶劣环境中的测量简单拉伸压缩或弯曲应变	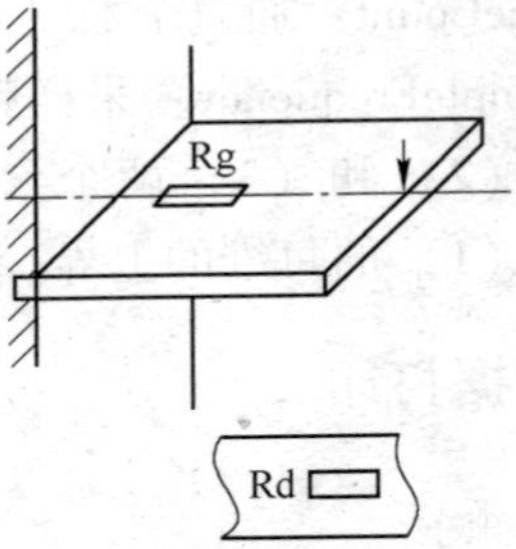 Rg Rd
方式3	半桥（2片工作片） 适用于环境温度变化较大情况下的测量简单拉伸压缩或弯曲应变	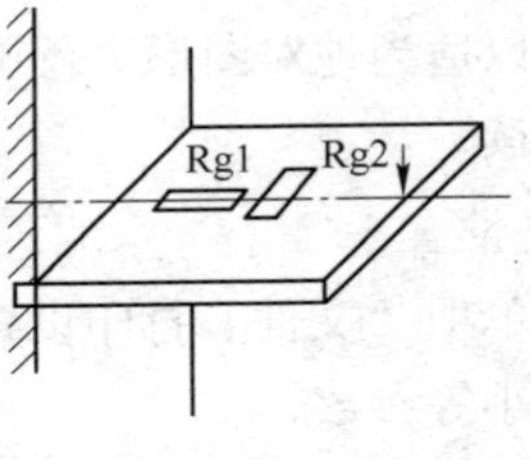 Rg1 Rg2
方式4	半桥（2片工作片） 适用于只测弯曲应变，消除了拉伸和压缩应变	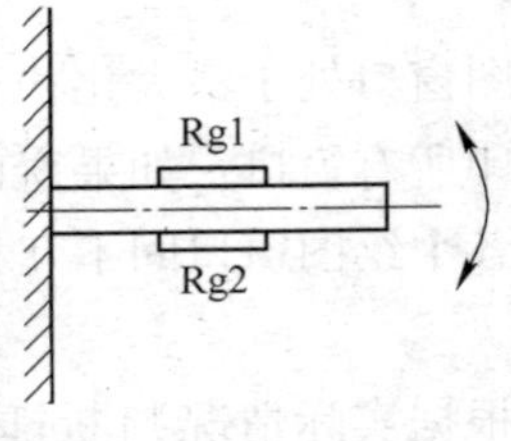 Rg1 Rg2

续表 B-5

序号	名称及用途	现场实例
方式 5	全桥（4 片工作片） 适用于只测拉伸和压缩的应变	Rg1 Rg2 Rg3 Rg4 Rg1 Rg2
方式 6	全桥（4 片工作片） 适用于只测弯曲的应变	Rg1 Rg3 Rg2 Rg4 Rg1 Rg3

2. 应变花

应变花的粘贴方式主要分为 4 种。

（1）两片直角形，如图 B-58 所示。ε_0：测点 1；ε_{90}：测点 2。

1）主应变：$\varepsilon_1=\varepsilon_0$，$\varepsilon_2=\varepsilon_{90}$

2）主应力：$\sigma_1=\dfrac{E(\varepsilon_0+\mu\varepsilon_{90})}{1-\mu^2}$，$\sigma_2=\dfrac{E(\varepsilon_{90}+\mu\varepsilon_0)}{1-\mu^2}$

3）σ_1 与 0°线夹角 φ：$\varphi=0$

4）最大剪切力：$\tau_{\max}=\dfrac{E(\varepsilon_0-\varepsilon_{90})}{1+\mu}$

（2）三片直角形，如图 B-59 所示。ε_0：测点 1；ε_{45}：测点 2；ε_{90}：测点 3；ε_{135}：测点 4。

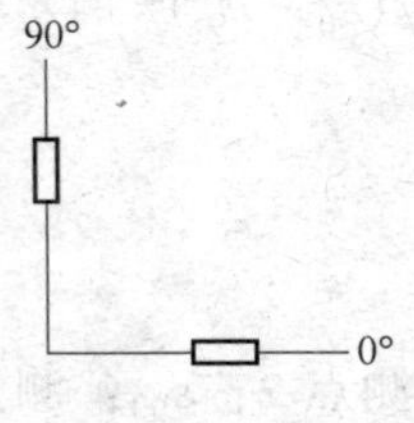

图 B-58　两片直角形

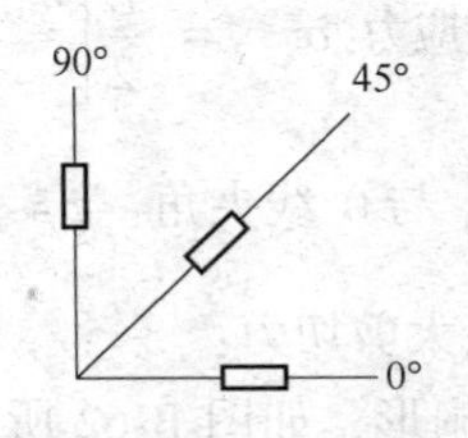

图 B-59　三片直角形

1）主应变：$\varepsilon_{1,2}=\dfrac{\varepsilon_0+\varepsilon_{90}}{2}\pm\dfrac{1}{2}\sqrt{(\varepsilon_0-\varepsilon_{90})^2+(2\varepsilon_{45}-\varepsilon_0-\varepsilon_{90})^2}$

2）主应力：$\sigma_{1,2}=\dfrac{E}{2}\left[\dfrac{\varepsilon_0+\varepsilon_{90}}{1-\mu}\pm\dfrac{1}{1+\mu}\sqrt{(\varepsilon_0-\varepsilon_{90})^2+(2\varepsilon_{45}-\varepsilon_0-\varepsilon_{90})^2}\right]$

3）σ_1 与0°线夹角：$\varphi=\dfrac{1}{2}\arctan\left(\dfrac{2\varepsilon_{45}-\varepsilon_0-\varepsilon_{90}}{\varepsilon_0-\varepsilon_{90}}\right)$

4）最大剪切力：$\tau_{max}=\dfrac{E\sqrt{(\varepsilon_0+\varepsilon_{90})^2+(2\varepsilon_{45}-\varepsilon_0-\varepsilon_{90})^2}}{1+\mu}$

（3）等腰三角形，如图 B-60 所示。ε_0：测点 1；ε_{60}：测点 2；ε_{120}：测点 3。

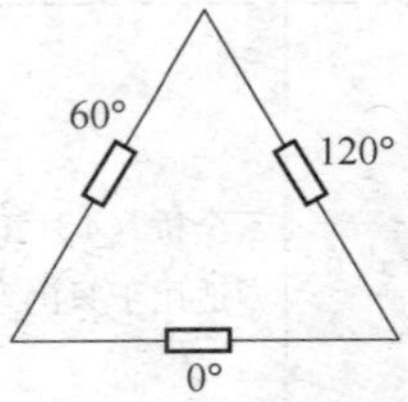

1）主应变：$\varepsilon_{1,2}=\dfrac{\varepsilon_0+\varepsilon_{60}+\varepsilon_{120}}{3}\pm$

$$\sqrt{\left(\varepsilon_0-\frac{\varepsilon_0+\varepsilon_{60}+\varepsilon_{120}}{3}\right)^2+\frac{1}{3}(\varepsilon_{60}-\varepsilon_{120})^2}$$

图 B-60　等腰三角形

2）主应力：

$$\sigma_{1,2}=E\left[\frac{\varepsilon_0+\varepsilon_{60}+\varepsilon_{120}}{3(1-\mu)}\pm\frac{1}{1+\mu}\sqrt{\left(\varepsilon_0-\frac{\varepsilon_0+\varepsilon_{60}+\varepsilon_{120}}{3}\right)^2+\frac{1}{3}(\varepsilon_{60}-\varepsilon_{120})^2}\right]$$

3）σ_1 与0°线夹角：$\varphi=\dfrac{1}{2}\arctan\left[\dfrac{\sqrt{3}(\varepsilon_{60}-\varepsilon_{120})}{2\varepsilon_0-\varepsilon_{60}-\varepsilon_{120}}\right]$

4）最大剪切力：$\tau_{max}=\dfrac{E}{1+\mu}\sqrt{\left(\varepsilon_0-\dfrac{\varepsilon_0+\varepsilon_{60}+\varepsilon_{120}}{3}\right)^2+\dfrac{1}{3}(\varepsilon_{60}-\varepsilon_{120})^2}$

（4）伞形，如图 B-61 所示。ε_0：测点 1；ε_{45}：测点 2；ε_{90}：测点 3；ε_{135}：测点 4。

1）主应变：$\varepsilon_{1,2}=\dfrac{\varepsilon_0+\varepsilon_{45}+\varepsilon_{90}+\varepsilon_{135}}{4}\pm\dfrac{1}{2}\sqrt{(\varepsilon_0-\varepsilon_{90})^2+(\varepsilon_{45}-\varepsilon_{135})^2}$

2）主应力：$\sigma_{1,2}=\dfrac{E}{2}\left[\dfrac{\varepsilon_0+\varepsilon_{45}+\varepsilon_{90}+\varepsilon_{120}}{2(1-\mu)}\pm\dfrac{1}{1+\mu}\sqrt{(\varepsilon_0-\varepsilon_{90})^2+(\varepsilon_{45}-\varepsilon_{135})^2}\right]$

3）σ_1 与0°线夹角：$\varphi=\dfrac{1}{2}\arctan\left(\dfrac{\varepsilon_{45}-\varepsilon_{135}}{\varepsilon_0\varepsilon_{90}}\right)$

4）最大剪切力：

（5）扇形，如图 B-62 所示。ε_0：测点 1；ε_{60}：测点 2；ε_{90}：测点 3；ε_{120}：测点 4。

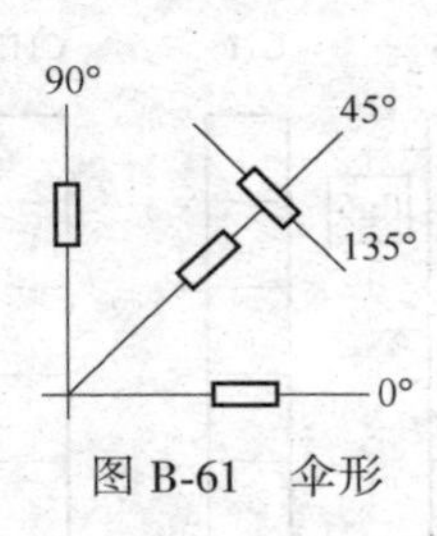

图 B-61 伞形

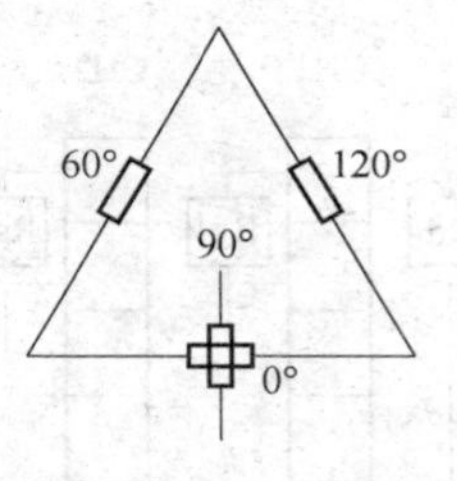

图 B-62 扇形

1）主应变：$\varepsilon_{1,2}=\dfrac{\varepsilon_0+\varepsilon_{90}}{2}\pm\dfrac{1}{2}\sqrt{(\varepsilon_0-\varepsilon_{90})^2+\dfrac{4}{3}(\varepsilon_{60}-\varepsilon_{120})^2}$

2）主应力：$\sigma_{1,2}=\dfrac{E}{2}\left[\dfrac{\varepsilon_0+\varepsilon_{90}}{1-\mu}\pm\dfrac{1}{1+\mu}\sqrt{(\varepsilon_0-\varepsilon_{90})^2+\dfrac{4}{3}(\varepsilon_{60}-\varepsilon_{120})^2}\right]$

3）σ_1 与0°线夹角：$\varphi=\dfrac{1}{2}\arctan\left(\dfrac{2}{\sqrt{3}}\times\dfrac{\varepsilon_{60}-\varepsilon_{120}}{\varepsilon_0-\varepsilon_{90}}\right)$

4）最大剪切力：$\tau_{max}=\dfrac{E\sqrt{(\varepsilon_0-\varepsilon_{90})^2+\dfrac{4}{3}(\varepsilon_{60}-\varepsilon_{120})^2}}{1+\mu}$

3. 快捷键

快捷键对应的功能见表 B-6。

表 B-6 快捷键对应的功能

快捷键	对应的软件操作	快捷键	对应的软件操作
Ctrl+N	新建项目	Alt+↑	放大纵坐标（*Y* 轴）
Ctrl+O	打开项目	Alt+↓	缩小纵坐标（*Y* 轴）
Ctrl+S	保存项目	Ctrl+↓	移动到下一块数据
Ctrl+P	打印	Ctrl+↑	移动到上一块数据
Ctrl+F	查找放大器	Ctrl+→	同步移动到下一块数据
Ctrl+B	平衡	Ctrl+←	同步移动到上一块数据
Ctrl+L	清除零点	F5	启动采样
Ctrl+H	初始化硬件	F2	暂停采样
Alt+→	放大横坐标（*X* 轴）	F3	停止采样
Alt+←	缩小横坐标（*X* 轴）		

4. 数据采集接线图

数据采集接线图如图 B-63～图 B-66 所示。

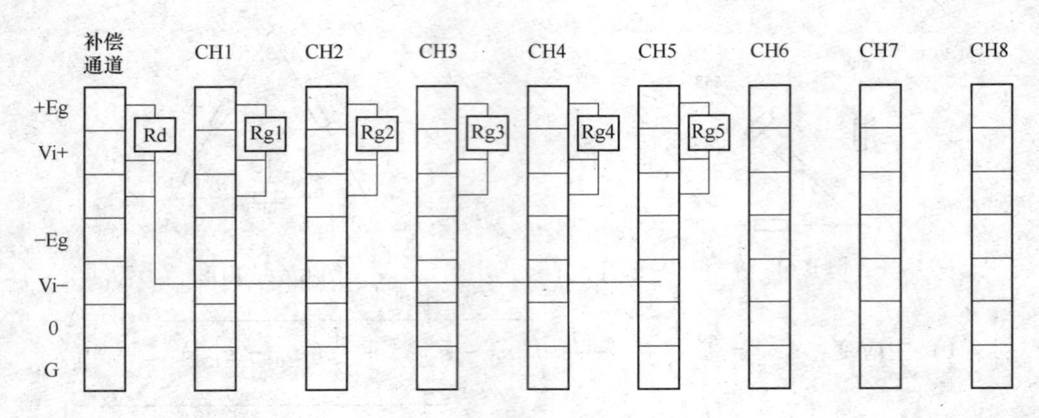

图 B-63　1/4 桥（应变测试）接法

Rd—补偿电阻；Rg—工作电阻

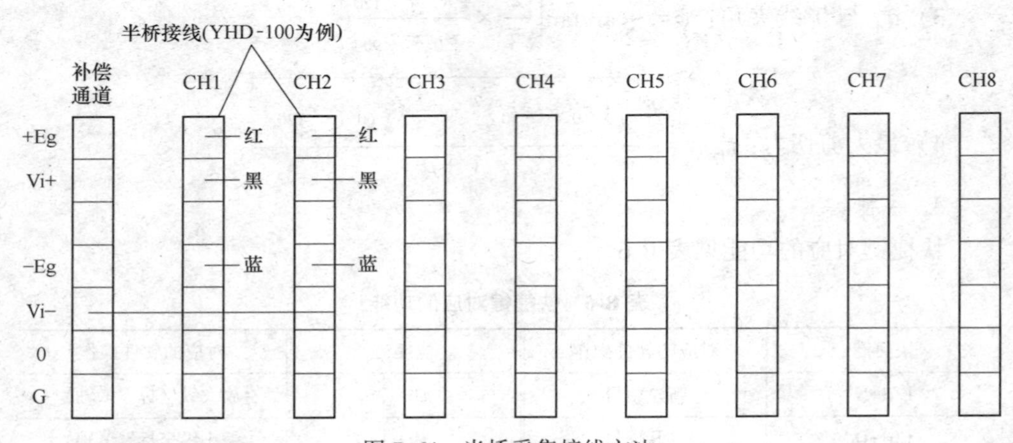

图 B-64　半桥采集接线方法

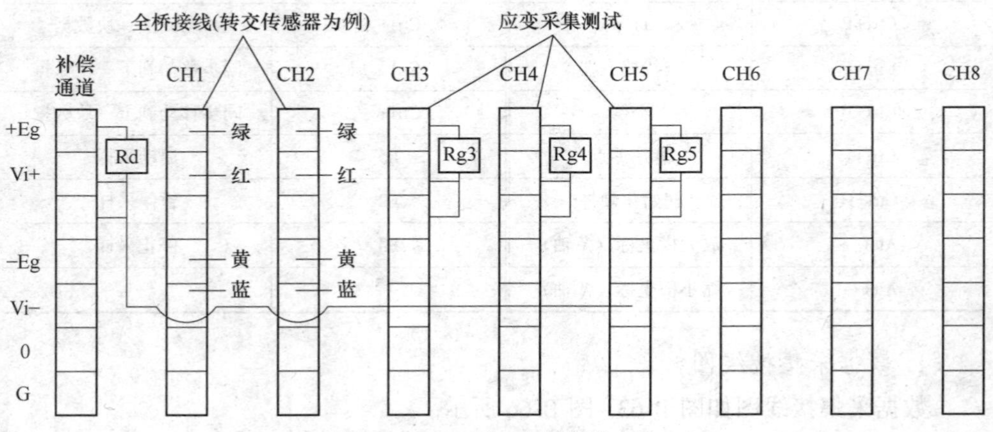

图 B-65　1/4 桥，全桥接线方法

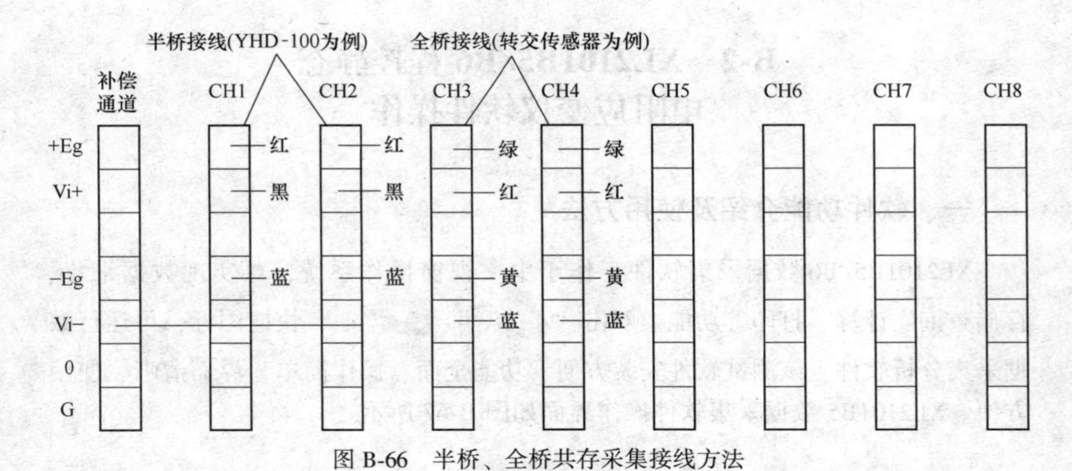

图 B-66　半桥、全桥共存采集接线方法

注：半桥和 1/4 桥不能接在同一台机器上。

B-2　XL2101B5/B6 程控静态电阻应变仪软件操作

一、软件功能介绍及使用方法

XL2101B5/B6 数据采集软件工作于中文视窗操作系统，可实现数据采集、存储查询、计算、打印等功能。双击“XL2101B5 快捷方式 2 KB，XL2101B6 快捷方式”快捷图标，可运行数据采集分析软件。该测试软件安装方便、功能全面、操作简单、界面清晰、使用方便。XL2101B5 数据采集软件操作界面如图 B-67 所示。

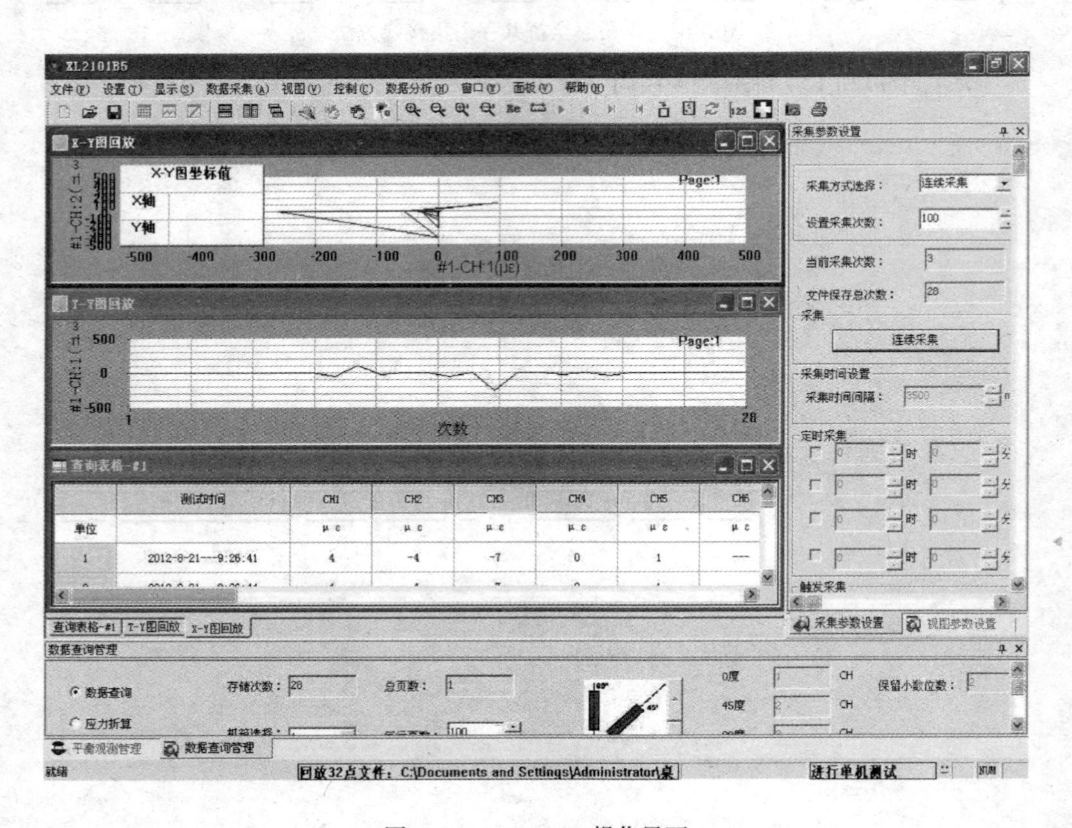

图 B-67　XL2101B5 操作界面

注：XL2101B5 与 XL2101B6 数据采集软件功能基本相同，现在以 XL2101B5 数据采集软件为例介绍一下该软件的各个功能，同时会介绍一下两个数据采集软件的区别。

（一）菜单栏

菜单栏包括：文件、设置、显示、数据采集、视图、控制、数据分析、窗口、面板和帮助十大选项。下面对菜单栏中 9 个选项进行具体介绍。

1. 文件（F）

（1）新建文件：该测试软件因用途的不同，将新建文件分为 32 通道文件（＊. B5）（XL2101B6 测试软件中为 24 通道文件（＊. B6））、双通道文件（＊. Double）、单通道文件（＊. Single）三类文件。用户可根据测试的具体要求选择合适的文件类型。设置方法详见设置菜单下的测试类型设置。注意：1）当在新建文件中进行采集时，不得更改测点参数，以免采集下来的数据不准确；2）不同文档扫描时间不同。

（2）32 点恢复测试（R）：该功能只针对 32 通道测试文件。在测试过程中，如遇：1）系统突然掉电；2）测试系统异常退出；3）因实验的特殊需求，需要长时间间断性测试等三个原因造成软件异常退出，用户可以用此功能来继续采集数据。

注：在 XL2101B6 测试软件中具有 24 点恢复文件功能。

（3）打开文件（O）：可对后缀为（＊. B5/＊. Double/＊. Single）的数据文件进行查询，如图 B-68 所示。

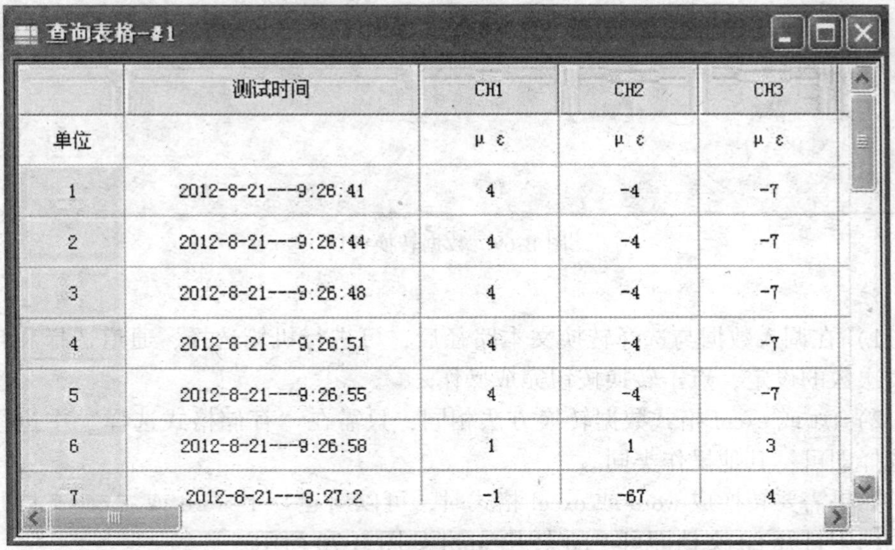

查询表格-#1

	测试时间	CH1	CH2	CH3
单位		με	με	με
1	2012-8-21---9:26:41	4	-4	-7
2	2012-8-21---9:26:44	4	-4	-7
3	2012-8-21---9:26:48	4	-4	-7
4	2012-8-21---9:26:51	4	-4	-7
5	2012-8-21---9:26:55	4	-4	-7
6	2012-8-21---9:26:58	1	1	3
7	2012-8-21---9:27:2	-1	-67	4

图 B-68　文件查询窗口

注：XL2101B6 测试软件可以打开文件后缀为＊. B6/＊. Double/＊. Single 的数据文件。两个测试软件虽然都有＊. Double/＊. Single 文件类型，但是互相不能

查询。

(4) 另存为 (S) 💾：该测试软件可以在未建立存储文件时，先进行数据的采集与保存。文件只保存在临时文件中，方便用户以后对数据进行计算与分析。需要时，可将临时文件“另存为”到一个指定路径下；同样，也可以把建立好的数据文件再次另存做备份使用。

(5) 数据转换 (A)：将采集的数据转换成可编辑的格式（TXT）或（EXCEL）文件，如数据量非常大，建议采用（TXT）文本格式转换。转换方法如图B-69所示。

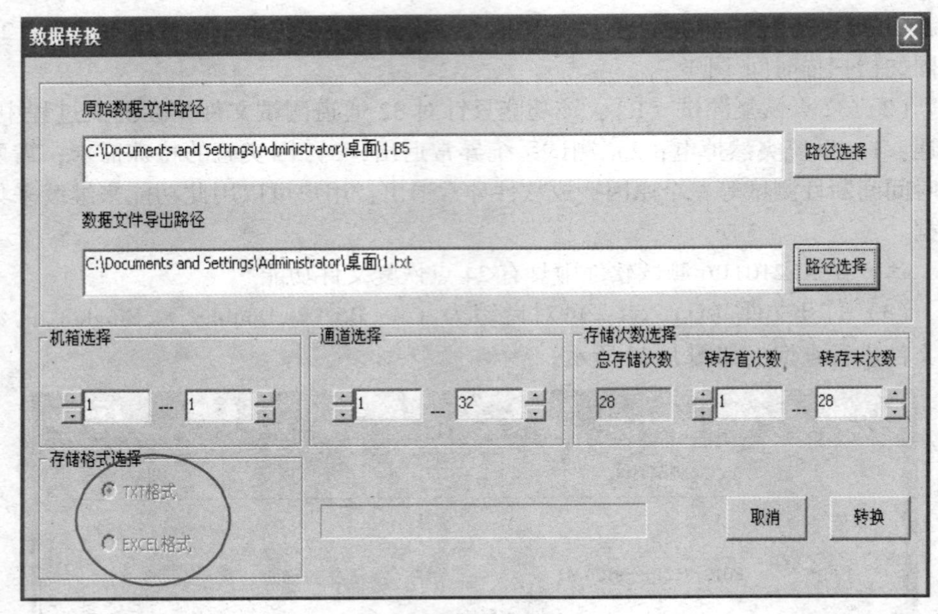

图 B-69 数据转换窗口

注：

1) 在调入数据与选择转换文本路径后，可进行机箱选择、通道选择和转存采集次数的设定，点击转换按钮完成操作。

2) txt 或 excel 格式数据转换方法相同，只需在“存储格式选择”中进行相应选择即可；其他操作类同。

如果需要转换成 word 或 excel 格式时，可以新建一个 word 或 excel 文档并在各文档中打开 txt 文档即可。txt 转换 word 如图 B-70 所示。

转换后的 word 文档如图 B-71 所示。

txt 转换 excel 如图 B-72 所示。

选择 *. txt 文档后，自动弹出文本导入向导，如图 B-73 所示。

转换后的 excel 文档如图 B-74 所示。

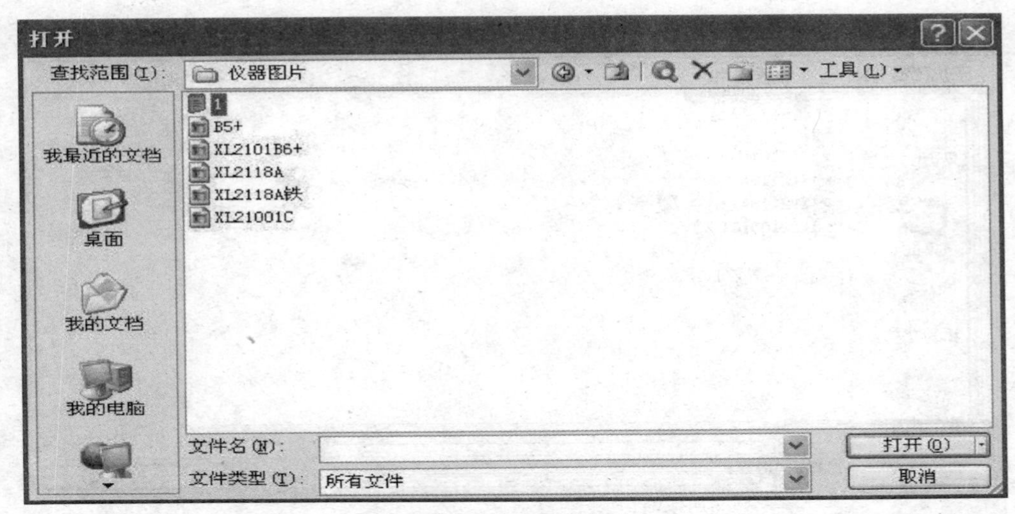

图 B-70 文件格式转换窗口

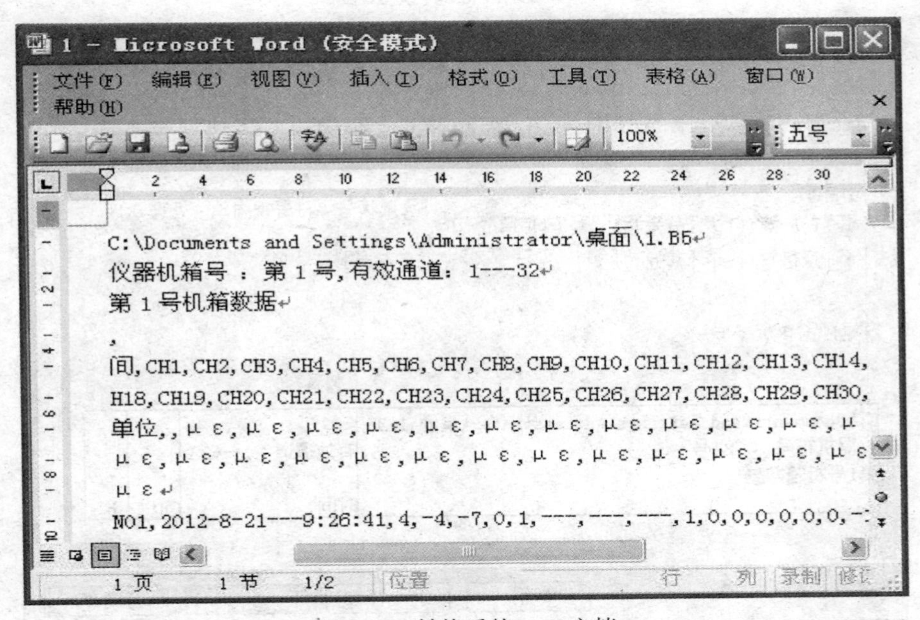

图 B-71 转换后的 word 文档

(6) 打印(P) ：在视图回放时打印当前视图，如图 B-75 所示。

注：在打印的过程中如果没有完全打印出来，重新调节视图窗口的大小，确保窗口小于打印纸张的大小再次打印即可。

(7) 打印预览(V)：用户可对当前需要打印的视图进行预览，如图 B-76 所示。

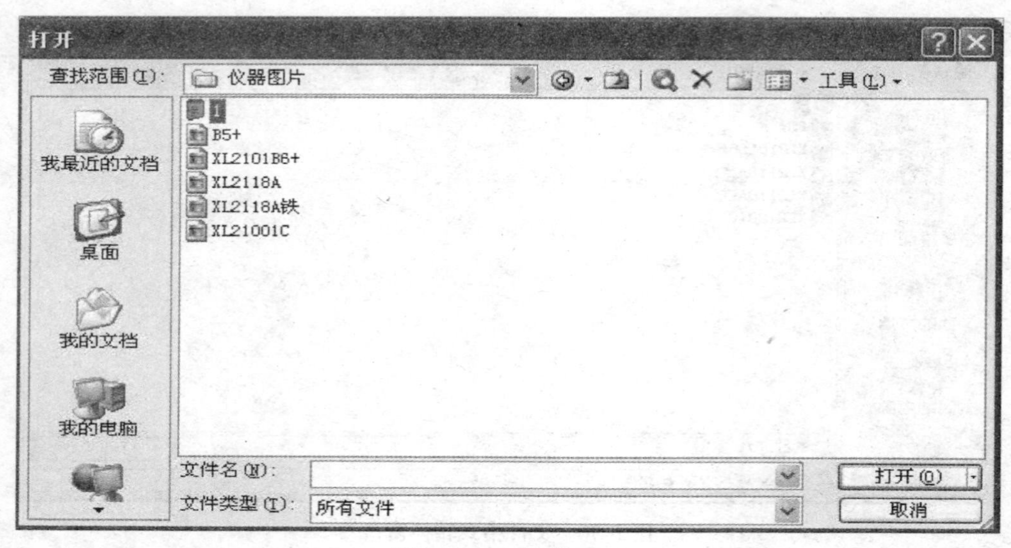

图 B-72 txt 转换 excel

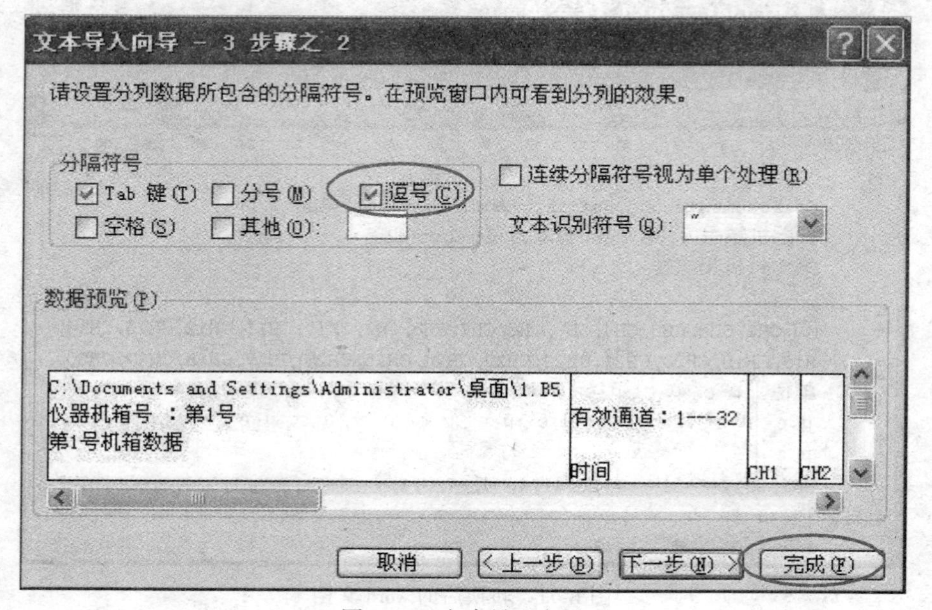

图 B-73 文本导入向导

（8）打印设置（R）：设置打印机型号及纸张的大小，如图 B-77 所示。

（9）退出：操作结束退出数据采集软件。

2. 设置（T）

（1）通信设置：本功能主要是对串口进行选择（图 B-78），为了能够通信正

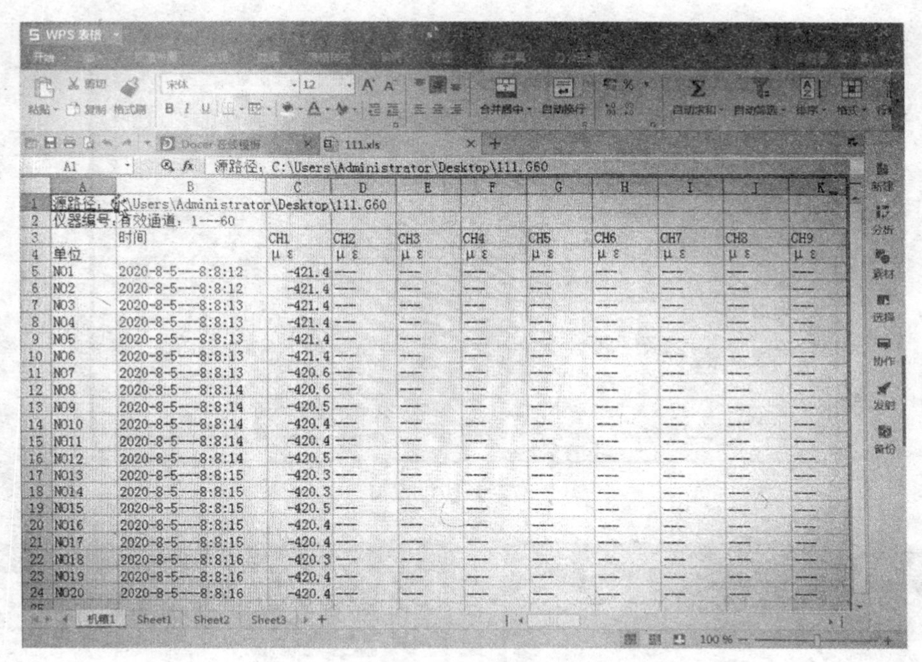

	A	B	C	D	E	F	G	H	I	J
1	源路径：C:\Users\Administrator\Desktop\111.G60									
2	仪器编号：有效通道：1---60									
3		时间	CH1	CH2	CH3	CH4	CH5	CH6	CH7	CH8	CH9
4	单位		μ ε	μ ε	μ ε	μ ε	μ ε	μ ε	μ ε	μ ε	μ ε
5	N01	2020-8-5---8:8:12	-421.4	---	---	---	---	---	---	---	---
6	N02	2020-8-5---8:8:12	-421.4	---	---	---	---	---	---	---	---
7	N03	2020-8-5---8:8:13	-421.4	---	---	---	---	---	---	---	---
8	N04	2020-8-5---8:8:13	-421.4	---	---	---	---	---	---	---	---
9	N05	2020-8-5---8:8:13	-421.4	---	---	---	---	---	---	---	---
10	N06	2020-8-5---8:8:13	-421.4	---	---	---	---	---	---	---	---
11	N07	2020-8-5---8:8:13	-420.6	---	---	---	---	---	---	---	---
12	N08	2020-8-5---8:8:14	-420.6	---	---	---	---	---	---	---	---
13	N09	2020-8-5---8:8:14	-420.5	---	---	---	---	---	---	---	---
14	N010	2020-8-5---8:8:14	-420.4	---	---	---	---	---	---	---	---
15	N011	2020-8-5---8:8:14	-420.4	---	---	---	---	---	---	---	---
16	N012	2020-8-5---8:8:14	-420.5	---	---	---	---	---	---	---	---
17	N013	2020-8-5---8:8:15	-420.3	---	---	---	---	---	---	---	---
18	N014	2020-8-5---8:8:15	-420.3	---	---	---	---	---	---	---	---
19	N015	2020-8-5---8:8:15	-420.5	---	---	---	---	---	---	---	---
20	N016	2020-8-5---8:8:15	-420.4	---	---	---	---	---	---	---	---
21	N017	2020-8-5---8:8:15	-420.4	---	---	---	---	---	---	---	---
22	N018	2020-8-5---8:8:16	-420.3	---	---	---	---	---	---	---	---
23	N019	2020-8-5---8:8:16	-420.4	---	---	---	---	---	---	---	---
24	N020	2020-8-5---8:8:16	-420.4	---	---	---	---	---	---	---	---

图 B-74　转换后的 excel 文档

图 B-75　打印窗口

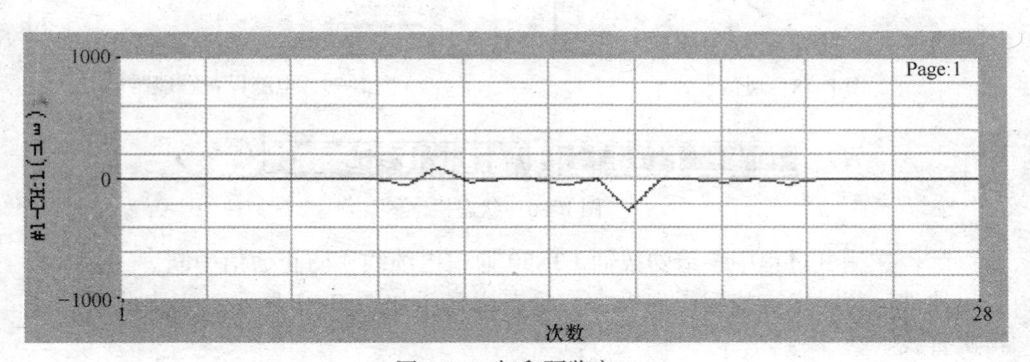

图 B-76　打印预览窗口

常，串口设置应与设备管理器上新增的 COM 端口保持一致（图 B-79）。

（2）查找机型：在每次运行该测试软件时，测试软件自动查找设备，在状态栏中会有“找到 N 台设备或进行单机测试”等字样的提示。如果在测试过程中通讯中断，用户需要检查问题重新设置串口，再次查找机型。软件运行时自动查找到设备，状态栏显示如图 B-80 所示。

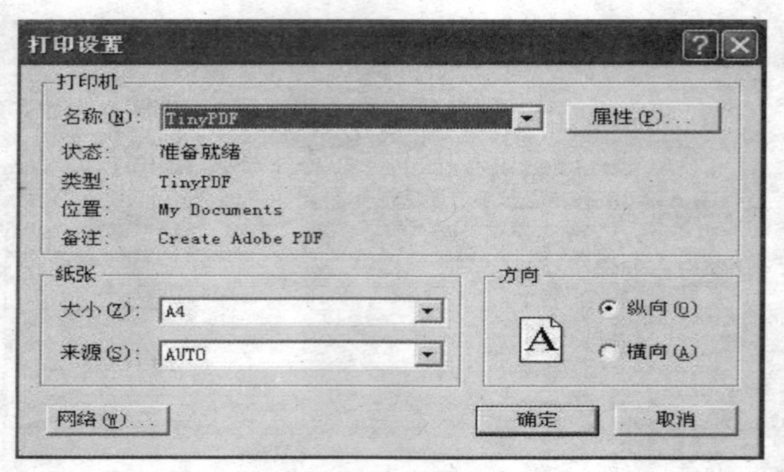

图 B-77　打印设置窗口

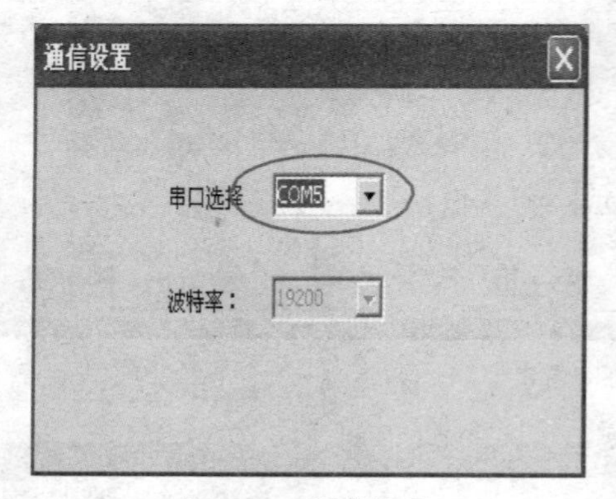

图 B-78　通信设置

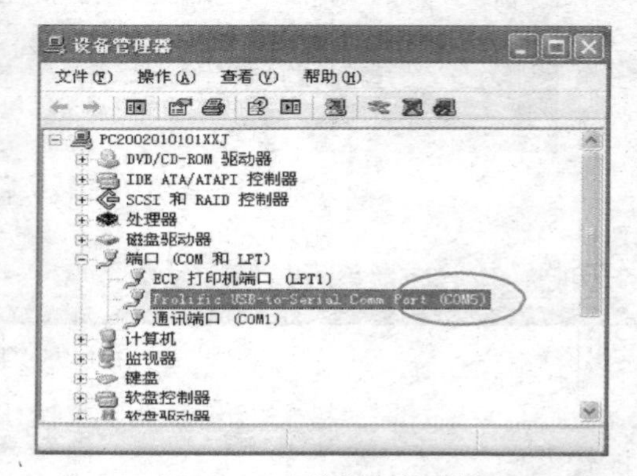

图 B-79　电脑设备管理器

图 B-80　状态栏

注：在测试过程中，请勿拔插 UT850 通信电缆线，防止通信中断。

软件运行时未查找到任何设备，状态栏显示如图 B-81 所示，点击此项功能再次查找。

图 B-81　状态栏

（3）测试方式（S）：该测试软件有两种测量方式：1）应变片测量方式；2）传感器测量方式。

应变片测量方式可对桥路选择、片阻值、弹性模量、灵敏度系数、线阻值、泊松比进行设置。传感器测量方式可进行测量单位、满量程、转换系数和桥路选择进行设置，如图 B-82 所示。

注：改变起始通道和终止通道号，进行测点参数设定。每设置完一次通道参数，单击保存按钮进行下一通道设置；所用通道设置完成后，即可关闭对话框。没有接入载荷的通道，无须进行设置。

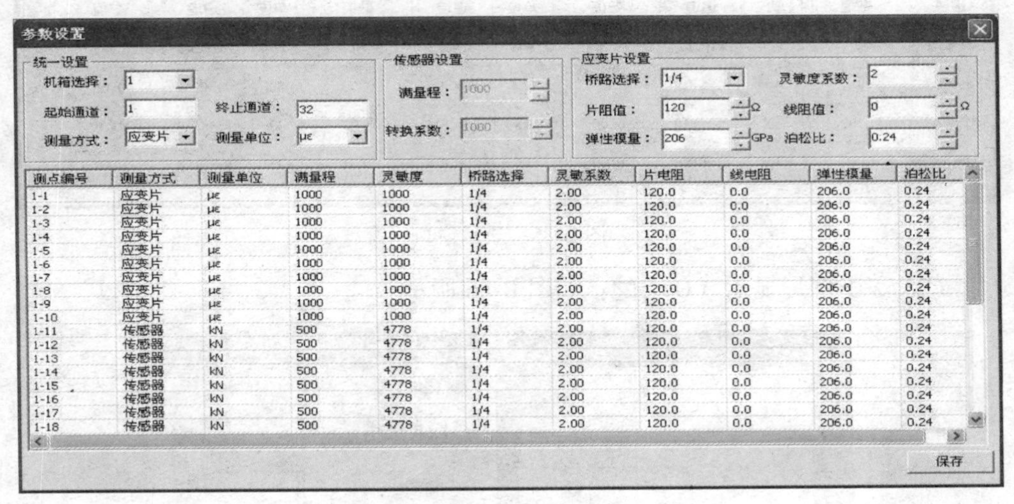

图 B-82　参数设置窗口

注：XL2101B5 数据采集软件具有 32 个测点，XL2101B6 数据采集软件具有 24 个测点。

（4）测试类型设置，见图 B-83 和图 B-84。

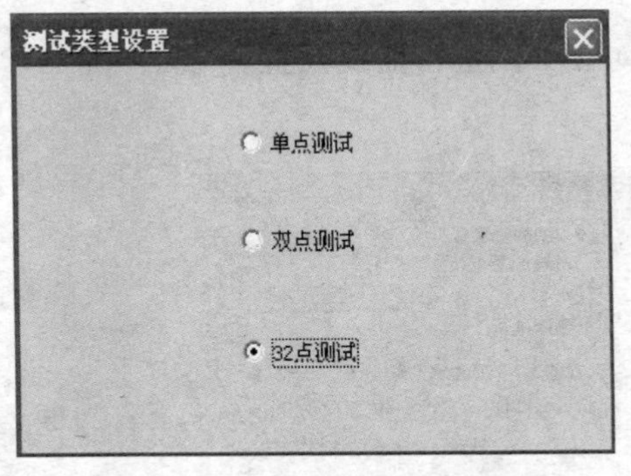

图 B-83　XL2101B5 测试类型设置

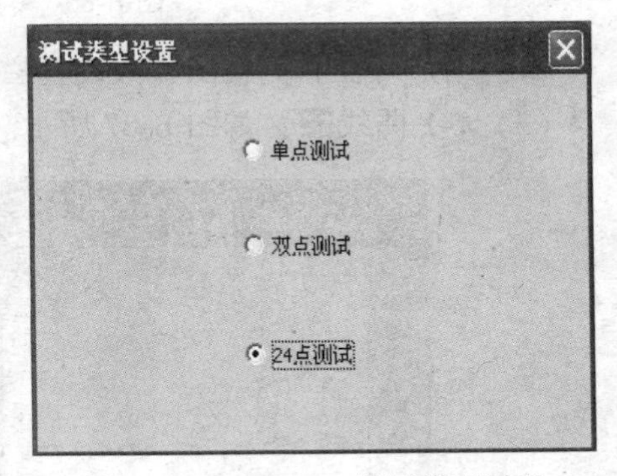

图 B-84　XL2101B6 测试类型设置

注：

1）根据所接载荷进行测试类型设置；

2）在 32 或 24 点测试过程中，测试系统因掉电、系统崩溃或因测试要求需要长时间间断性测试时，均可以使用恢复测试功能。

3. 显示（S）

（1）表格▦：如图 B-85 所示。

表格

通道	数值	单位	通道	数值	单位	通道	数值	单位	通道	数值
#1-CH1	2	μ ε	#1-CH2	-3	μ ε	#1-CH3	-7	μ ε	#1-CH4	0
#1-CH9	0	μ ε	#1-CH10	0	μ ε	#1-CH11	0.00	kN	#1-CH12	0.00
#1-CH17	0.00	kN	#1-CH18	0.00	kN	#1-CH19	0.00	kN	#1-CH20	-0.10
#1-CH25	0.00	kN	#1-CH26	0.00	kN	#1-CH27	-0.10	kN	#1-CH28	0.00

图 B-85　显示窗口

（2）*X-Y* 图形显示（O）▨：如图 B-86 所示。

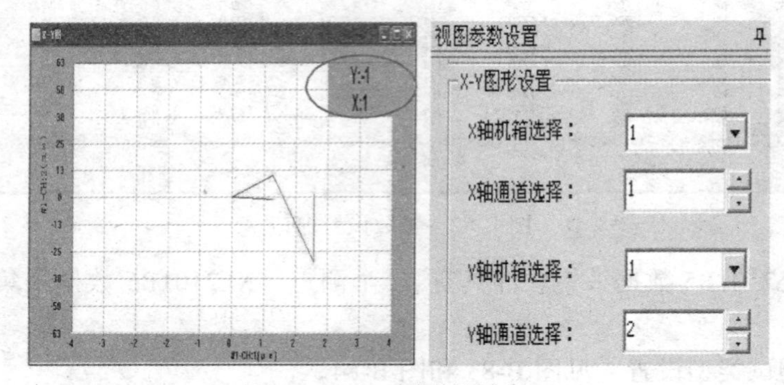

图 B-86　*X-Y* 图形显示窗口

注：用户可在右侧视图参数设置栏中对 *X-Y* 图进行曲线设置。

（3）*T-Y* 曲线▭：如图 B-87 所示。

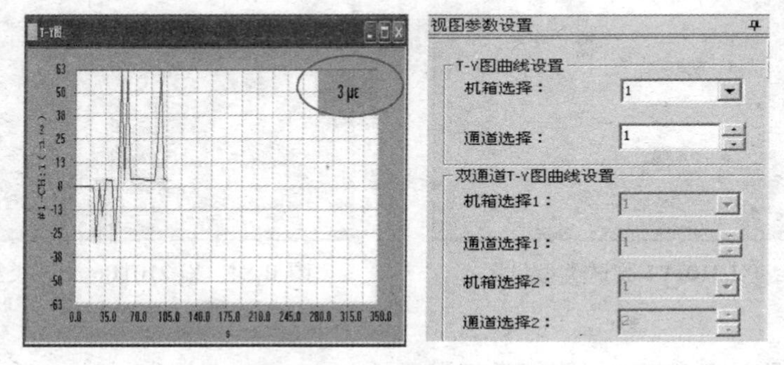

图 B-87　*T-Y* 图形显示窗口

注：1）用户可在右侧视图参数设置栏中对 *T-Y* 图进行曲线设置。

2）在 T-Y 和 X-Y 选项起作用（数值窗口在图 B-87 中已标出）。

3）可在视图参数设置栏中修改绘图方式，绘图方式有点绘图、线绘图和点线绘图三种。

4. 数据采集

数据采集操作如图 B-88 和图 B-89 所示。

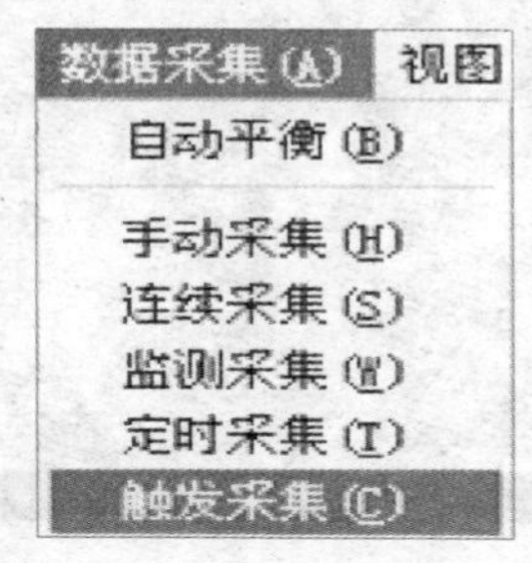

图 B-88　菜单栏

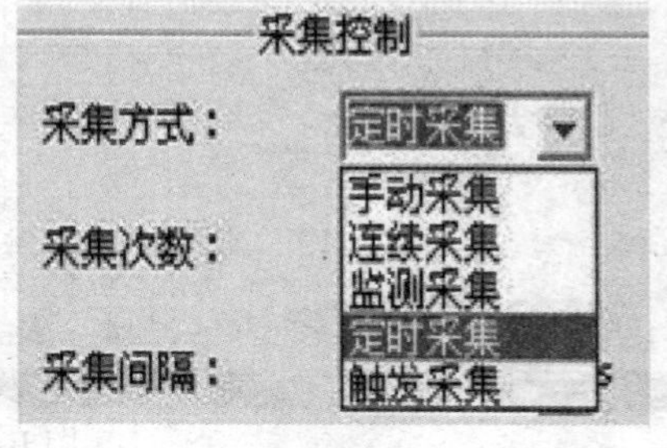

图 B-89　参数设置栏（右侧）

（1）自动平衡：将当前窗口的数据进行清零。

（2）手动采集：手动点击一次，测试软件采集一次数据。

（3）连续采集：根据设定的采集次数进行采集。达到采集次数时，测试软件自动停止采集。

（4）定时采集：根据设定的采集次数、时间段和定时时间进行采集。

（5）触发采集：根据设定的采集次数、触发机箱，通道、门限值和触发增量进行采集，所谓门限值是指设定的机箱和通道达到设定值时触发开始采集。触发增量是指在门限值触发后，再次到达门限值+触发增量的数值后，再次进行采集。

（6）监测采集：该功能是指用户点击采集按钮进行采集，直至用户再次点击采集按钮后，采集结束。在进行监测采集之前，用户需要先设置采集时间间隔。

5. 视图（A）

“视图”菜单栏是在数据采集状态或数据回放状态下进行数据查看和图形显示操作的界面，如图 B-90 所示。在不同的状态下，部分功能操作将被禁止，被禁止功能将以灰色显示，表示该功能在此状态下禁用，用户可根据实际需要进行操作处理。菜单栏中的功能与快捷方式符号栏（图 B-91）相对应。

（1）放大 X 方向图形：图形横向放大，默认放大系数为 2 倍。

（2）缩小 X 方向图形：图形横向缩小，默认缩小系数为 1/2 倍。

（3）放大 Y 方向图形：图形纵向放大，默认放大系数为 2 倍。

（4）缩小 Y 方向图形：图形纵向缩小，默认缩小系数为 1/2 倍。

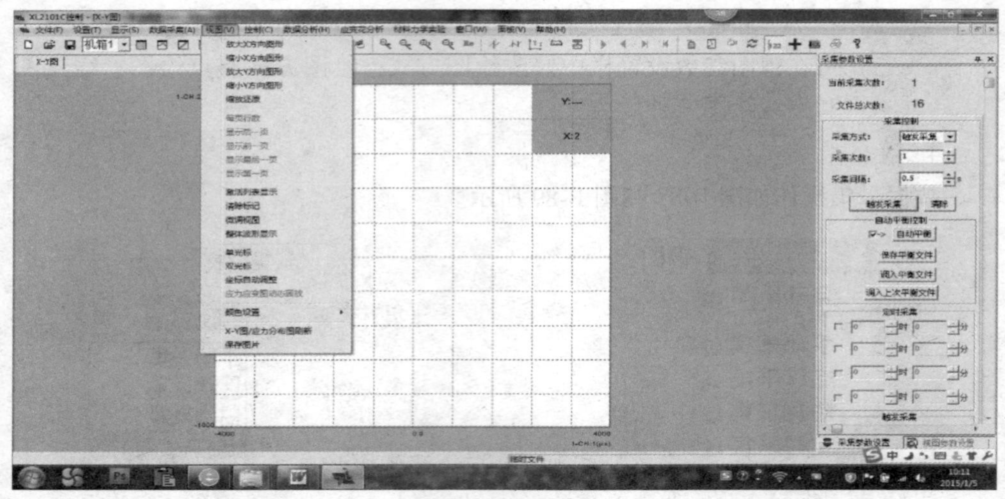

图 B-90　视图菜单

图 B-91　视图菜单快捷方式

（5）缩放还原 Re：调整为初始值。

（6）*X-Y* 图刷新：对 *X-Y* 图进行刷新。

（7）保存图片：在回放图形时可以保存图片，格式为 jpg。

6. 控制（C）

控制菜单栏包含：启动测试（　）、暂停测试、保存平衡文件、导入平衡文件、调入上次平衡文件以及绝对值（+）等操作。显示界面如图 B-92 所示。

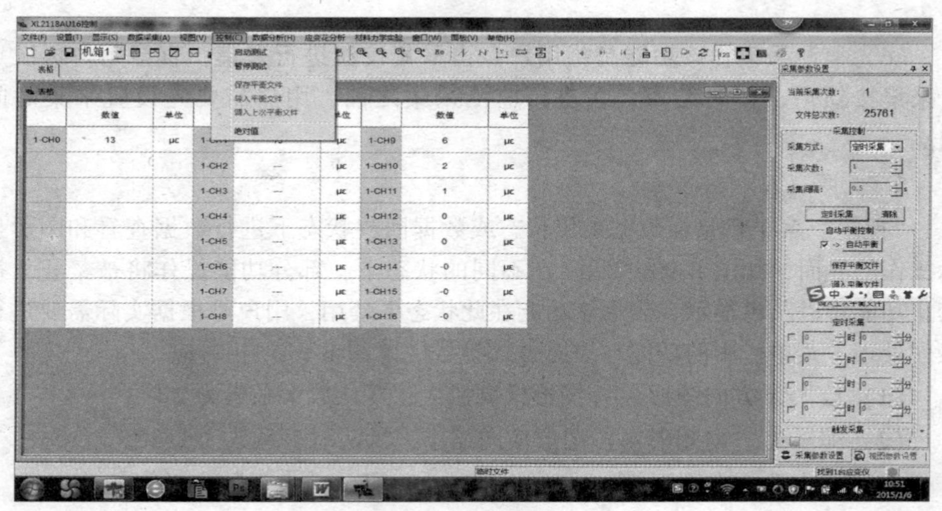

图 B-92　控制菜单

（1）启动测试：和仪器进行通信，测试软件状态栏右侧指示条不断显示。

（2）暂停测试：停止通信，测试软件状态栏右侧指示条停止显示。

（3）保存桥路平衡文件：以文件的方式保存平衡后的数据。

（4）导入桥路平衡文件：以文件的方式导入平衡后的数据。

（5）调入上次平衡文件：自动调入上一次平衡的数据。

（6）绝对值：将当前测试数据转换成正数。

7. 数据分析（H）

“数据分析”菜单是将存储的数据文件打开，将以默认表格形式显示（图 B-93），此时可进行应力折算，并可将折算后的应力数据存盘保存；同时，还可选择以图形的形式进行显示。显示内容包含：数据（数据查询、应力折算以及应力折算后数据存盘）、*T-Y* 图回放、*X-Y* 图回放、应力分布图回放、棒图回放。图形回放时，显示的图形依照回放的数据表格中的数据进行图形显示。

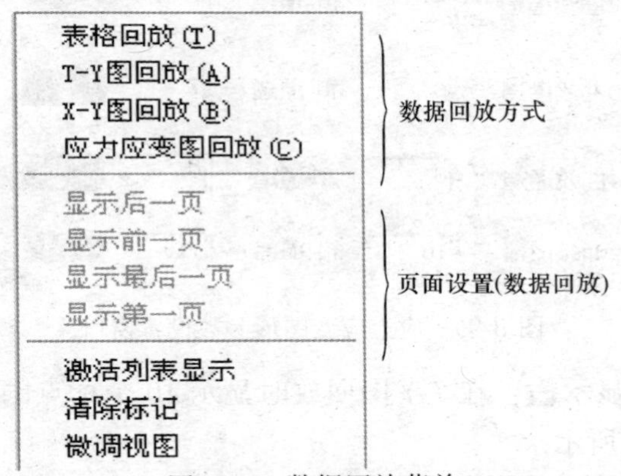

图 B-93 数据回放菜单

（1）应力应变图回放，如图 B-94 所示；视图参数设置，如图 B-95 所示。

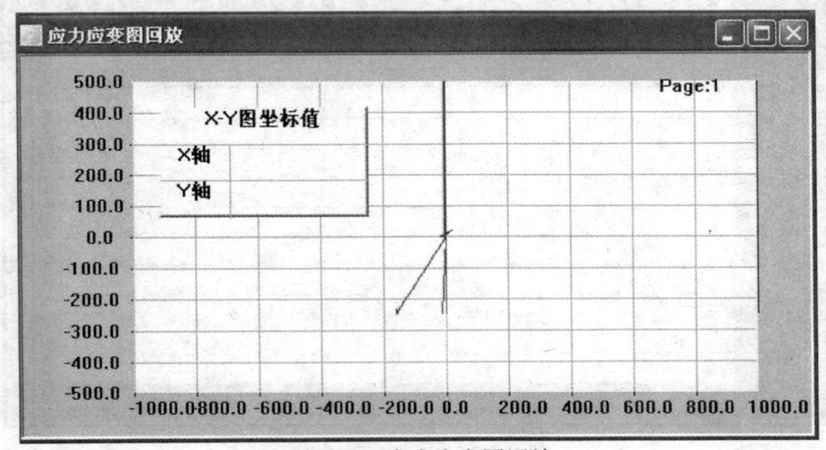

图 B-94 应力应变图回放

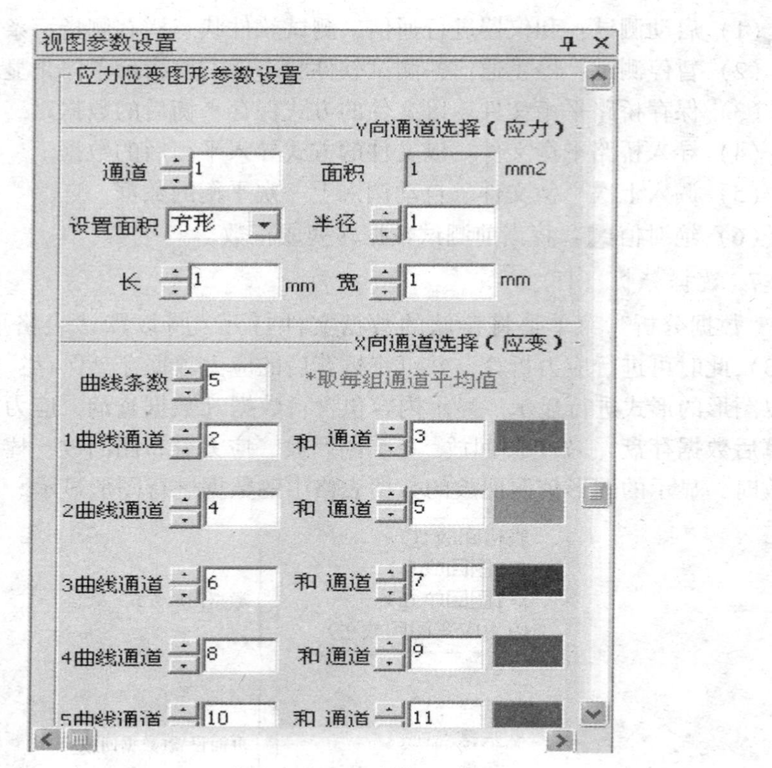

图 B-95 应力应变图形参数设置窗口

（2）激活列表显示：在 *T-Y* 图回放时显示 10 个标点的值，用鼠标右键进行设置，如图 B-96 所示。

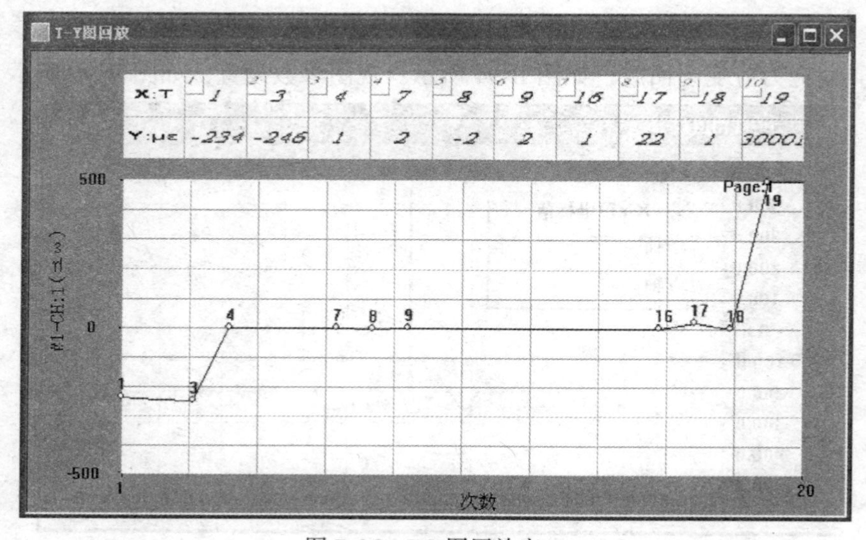

图 B-96 *T-Y* 图回放窗口

（3）标点。

（4）清除标记：以倒序方式清除上图中的标点，每次清除一个点。

（5）微调视图：当点击此项时，按住鼠标左键向左移动或右移动，调节视图所显示的图形，放开左键停止移动。

注：数据回放中使用，采集页数多余 1 页时使用。

8. 窗口（W）

窗口下拉菜单栏包括：层叠（C）、水平平铺（T）、垂直平铺（V）、排图标（A）、数字窗口（D）。

注：数字窗口只有在 *T-Y/X-Y* 图中有效。

9. 面板（V）

面板下拉菜单栏包括：工具栏（T）、状态栏（S）、采集参数设置（C）、自动平衡管理（B）。

注：面板作用是隐藏或显示各个功能栏。

（二）工具栏

（1）常用工具栏：①新建；②打开；③另存为。

（2）表格/图形显示工具栏：①表格显示；②*T-Y* 图显示；③*X-Y* 图显示。

（3）窗口设置工具栏：①平铺窗口；②垂直窗口；③层叠窗口。

（4）测试工具栏：①查找机箱；②启动测试；③停止测试。

（5）参数设置工具栏：参数设置。

（6）图形设置工具栏：①图形横向放大；②图形横向缩小；③图形纵向放大；④图形纵向缩小；⑤缩放还原；⑥微调视图。

（7）回放数据设置工具：①微调视图；②显示后一页；③显示前一页；④显示最后一页；⑤显示第一页。

（8）多功能工具栏：①激活列表显示；②清除标记；③*X-Y* 图/应力分布图刷新；④数字窗口；⑤把测试数据转换成正数；⑥图片保存；⑦打印。

（三）设备管理器

在进行数据回放时，可以使用主窗口下面设备管理器对数据进行分析与计算，如单项应力计算、应变花计算。如图 B-97 所示。

应变花计算分为四种形式，并可以把应变花计算的结果转换成 txt 格式。

在测试过程中，可以使用平衡管理器对数据进行平衡及保存与调入平衡文件，如图 B-98 所示。

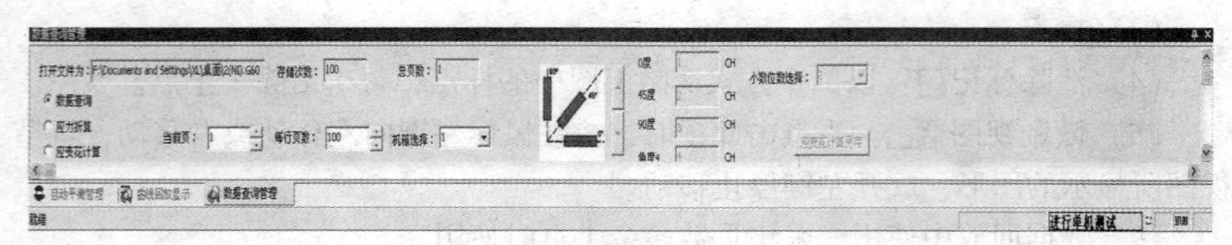

图 B-97 数据查询管理窗口

图 B-98 平衡观测管理窗口

（四）状态栏

启动测试软件，软件自动查找设备，如查找到设备，状态栏显示如图 B-99 所示。

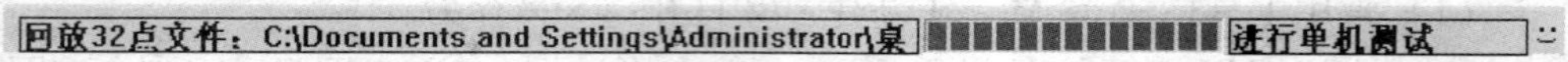

回放32点文件：C:\Documents and Settings\Administrator\桌 进行单机测试

图 B-99 状态栏一

如未检查到设备，状态栏显示如图 B-100 所示。

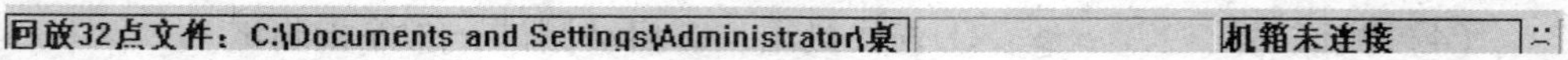

回放32点文件：C:\Documents and Settings\Administrator\桌 机箱未连接

图 B-100 状态栏二

二、仪器软件快速使用方法

（1）准备工作，根据测试要求选择合适的桥路进行接线，确定接线无误后，将仪器设置成计算机外控模式（需要用户设置工作模式及级联时的仪器机箱号）。设置完毕后，重新开机时间间隔不得少于 10s，防止通信出现异常，此时 LED 显示“HL-01”（01 为设定的机型号）。

注：具体组桥及设置方法详见 XL2101B5/B6 使用说明书第二章。

（2）安装 XL2101B5/B6 数据采集软件及驱动程序。

注：具体安装过程详见软件介绍。

（3）使用 UT850 图标，运行测试软件。

（4）观察状态栏中设备是否连接，如连接成功在状态栏中会进行提示，如图 B-101 所示。

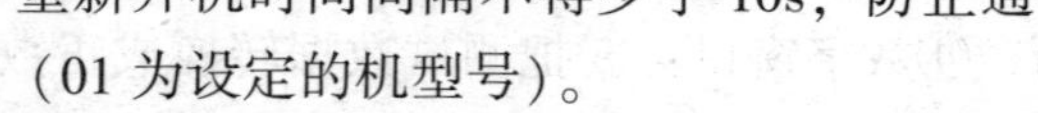

图 B-101 单机测试提示

（5）设备连接成功后，首先根据所接载荷的测点数进行“测试类型设置”，然后根据载荷技术指标及接线位置进行“测点参数设置”（设置选项中）。每种载荷参数设置完后，都要进行保存。全部设置完成后，关闭对话框。

（6）新建文件，打开表格/图形显示，启动测试，选择合适的采集方式进行数据采集。

（7）用户可根据自己的需要将存储的数据转换成“txt 文本格式”，或“excel 格式”进行储存，方便用户进行编辑。

（8）对数据进行计算与分析，测试完毕，关闭软件即可。

注意事项：

（1）在多个表格/图形同时显示时，首先应选中修改对象（图形），然后再进行图形曲线设置。

（2）XL2101B5/B6 数据采集软件支持未“新建文件”就进行数据采集及保存，此时数据是保存在一个临时文件中。为了方便计算与分析，用户可以将临时文件“另存为”到一个指定的文件中。

（3）在测试过程中，不能随意拔插 UT850 通信电缆线，防止造成通信异常。

参考文献

[1] 刘明．土木工程结构试验与检测［M］．北京：高等教育出版社，2008.
[2] 宋彧．土木工程试验［M］．北京：中国建筑工业出版社，2011.
[3] 周瑞荣．土木工程系列实验综合教程［M］．北京：北京大学出版社，2017.
[4] 烟台新天地试验技术有限公司．大型仪器使用操作手册（内部资料）［Z］．
[5] 秦皇岛协力仪器设备有限公司．大型仪器使用操作手册（内部资料）［Z］．
[6] 住房和城乡建设部．JGJ/T23—2011 回弹法检测混凝土抗压强度技术规程［S］．

冶金工业出版社部分图书推荐